原来我值得

冒名顶替综合征疗愈手册

[美]阿西娜·达尼洛
ATHINA DANILO
著

赵倩
译

THE IMPOSTER
SYNDROME WORKBOOK

EXERCISES TO BOOST YOUR
CONFIDENCE, OWN YOUR
SUCCESS, AND EMBRACE
YOUR BRILLIANCE

中国科学技术出版社
·北京·

Copyright ©2020 by Rockridge Press.
Illustrations ©Bibadash/Shutterstock
First Published in English by Rockridge Press, an imprint of Callisto Media, Inc.
This edition published by arrangement through BIG APPLE AGENCY, LABUAN, MALAYSIA.
Simplified Chinese edition copyright © 2024 by China Science and Technology Press Co., Ltd.
ALL RIGHTS RESERVED.
北京市版权局著作权合同登记 图字：01−2024−1876。

图书在版编目（CIP）数据

原来我值得：冒名顶替综合征疗愈手册 /（美）阿西娜·达尼洛（Athina Danilo）著；赵倩译 . —北京：中国科学技术出版社，2024.7
书名原文：The Imposter Syndrome Workbook: Exercises to Boost Your Confidence, Own Your Success, and Embrace Your Brilliance
ISBN 978−7−5236−0416−8

Ⅰ.①原… Ⅱ.①阿…②赵… Ⅲ.①自信心—通俗读物 Ⅳ.① B848.4−49

中国国家版本馆 CIP 数据核字（2024）第 039806 号

策划编辑	赵　嵘	责任编辑	高雪静
封面设计	东合社	版式设计	蚂蚁设计
责任校对	张晓莉	责任印制	李晓霖

出　　版	中国科学技术出版社
发　　行	中国科学技术出版社有限公司发行部
地　　址	北京市海淀区中关村南大街 16 号
邮　　编	100081
发行电话	010−62173865
传　　真	010−62173081
网　　址	http://www.cspbooks.com.cn

开　　本	787mm×1092mm　1/16
字　　数	158 千字
印　　张	11
版　　次	2024 年 7 月第 1 版
印　　次	2024 年 7 月第 1 次印刷
印　　刷	北京盛通印刷股份有限公司
书　　号	ISBN 978−7−5236−0416−8 / B·162
定　　价	69.00 元

（凡购买本社图书，如有缺页、倒页、脱页者，本社发行部负责调换）

献给所有与我同行并帮助我接纳了自己的朋友。
你们的帮助使我终于明白，自己已经足够好。

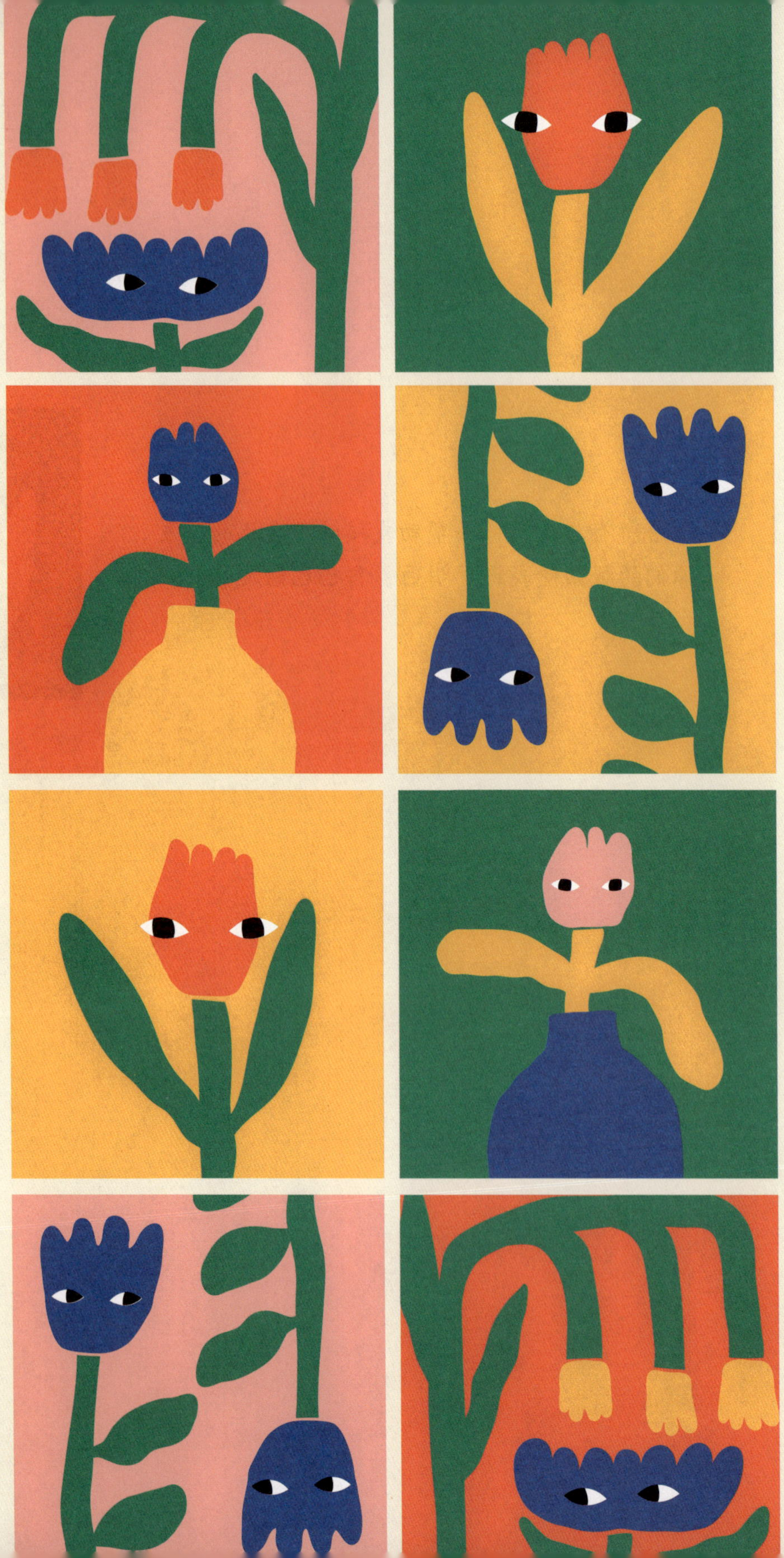

前言

拿起本书的你可能也受困于自我怀疑，或者正与自己的缺陷做斗争。也许你想在生活中获得更大的满足感，但无论你已经取得了多少成绩仍感觉不够。也许你已经厌倦了为迎合不切实际的标准而拼命地生活。不管原因如何，我很高兴能与你在本书中相遇。

冒名顶替综合征是一个当今社会普遍存在的问题，它会使人陷入完美主义、消极的自我对话、倦怠和欺骗感的循环。它剥夺了个人的满足感和胜任感。如果你对此感同身受，那么我想告诉你，你并不是在孤军奋战，很多人都有这样的挣扎。同时我也想让你知道，你可以摆脱这种心态、培养自我价值感、真实地做自己，以及坦然接受自己的成就。

克服冒名顶替综合征，坦然接受自己的成就，这不是一个一蹴而就的过程，但我向你保证，它绝非一个不可能实现的目标。作为一名婚姻家庭治疗师，我曾帮助家人、朋友、同事和来访者更加坦然地承认自己的能力。同时我想坦诚地告诉你，在冒名顶替综合征的问题上，我也未能幸免，因此我有切身的体会。如今我已经学会如何克服自我怀疑和倦怠感，努力摆脱对完美的追求，并充分地认可自己。

这些经历使我渴望去提高人们对冒名顶替综合征的认识。因此我撰写了本书，希望为大家提供相应的支持和指导。我希望书中的故事、练习和观点，能够帮助你掌握一定的技巧，来应对并摆脱自己的冒名顶替综合征，最终过上更加令人满意的生活。

尽管本书的目的是提供支持与指导，但请记住，它不能替代治疗、药物或其他形式的医疗手段。如有需要，请务必寻求专业帮助（这也是明智和勇敢之举）。当你遵循书中的方法，更加全面地接纳自我后，请不要忘记感谢自己的勇气，正是这种勇气将你带到了这里。

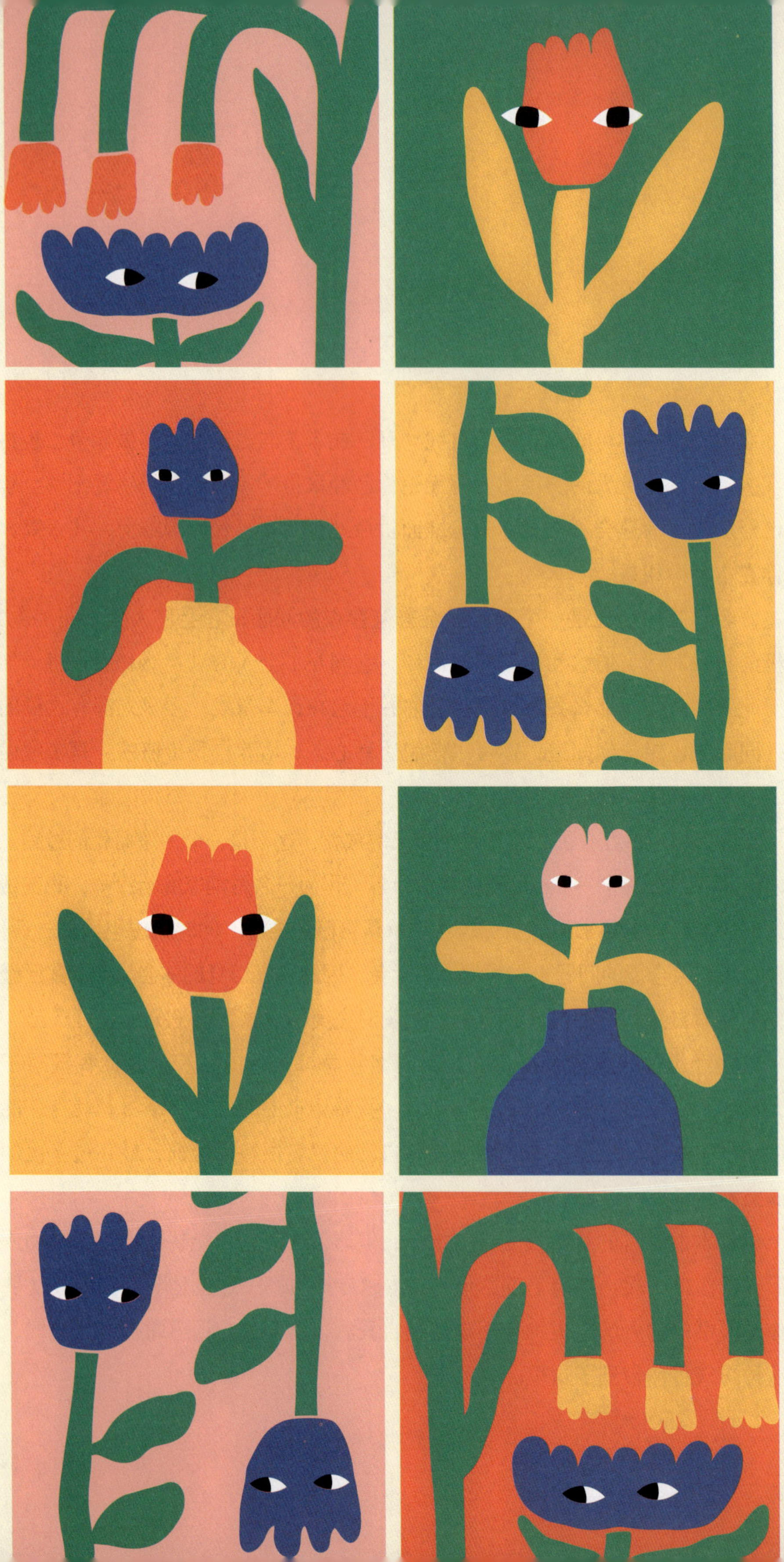

如何使用本书

在开始之前，让我们先来了解一下本书的结构，我会介绍本书的最佳使用方法。本书分为两部分。第一部分提供了有关冒名顶替综合征的基本内容，包括什么是冒名顶替综合征，它的成因及对你的影响等。这为本书的第二部分奠定了基础。第二部分包含 7 个互动章节，引导你反思与冒名顶替综合征相关的亲身经历与故事。在这一部分中包含肯定、练习、鼓励和实践，可以帮助你提升自信，克服自我怀疑。

在开始时，我建议你根据自己的学习方式与情绪能量，选择尝试一到两项活动。想一想你最适合进行这类练习的具体时间。你可以使用手机上的计划工具或提醒应用来安排时间，为自己留出一段时间来专门进行练习。

这些活动可能会引发各种各样的情绪，因为你需要深入挖掘自己内心的想法和感受。如果你感到压力过大或不知所措，可以休息一下，或者换一项对你来说更加轻松的活动。如果你愿意，也可以进行一些额外的练习，或者稍后再回到前一章，实践其中的某些活动。你甚至可以重复这些肯定的表述和活动，看看自己取得了哪些进步。

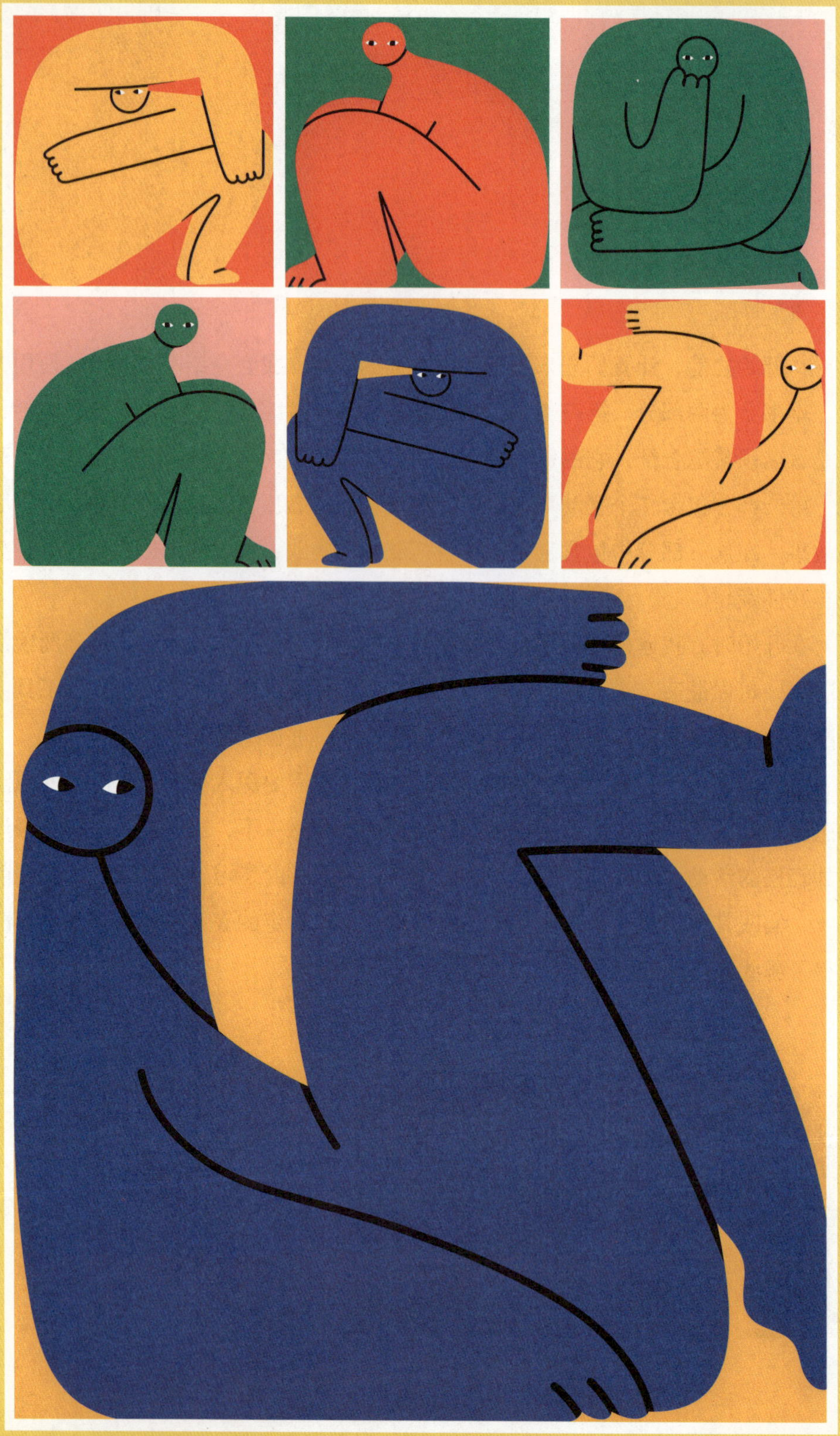

目录

第一部分　冒名顶替综合征概述 1
　　第一章　什么是冒名顶替综合征 3
　　第二章　消极自我对话的来源 11
　　第三章　你与冒名顶替综合征 19

第二部分　摆脱冒名顶替综合征 27
　　第四章　跳出消极的自我对话 29
　　第五章　找到你的触发因素 47
　　第六章　接纳自己的脆弱 65
　　第七章　用自我意识应对挫折 85
　　第八章　将生活从过度工作与倦怠中拯救出来 101
　　第九章　将自我照顾放在首位 121
　　第十章　从长远的角度来控制冒名顶替综合征 139

参考文献 157
拓展资源 161
后记　脚踏实地地前进 163

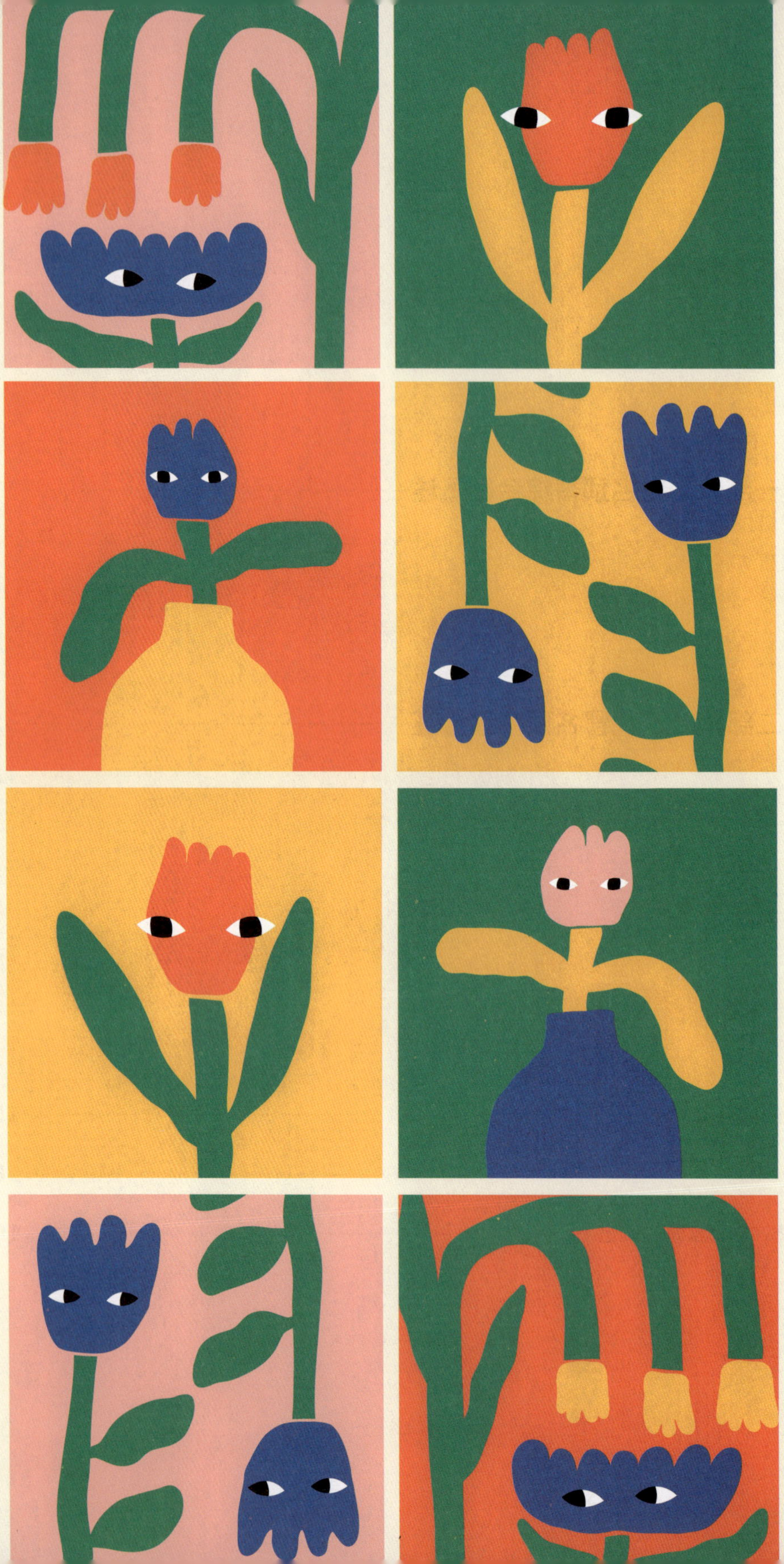

第一部分

冒名顶替综合征概述

在本书的第一部分，我们将深入探讨冒名顶替综合征。你将了解冒名顶替者心态的含义，并看到摆脱冒名顶替综合征后，生活将发生哪些变化。然后，通过回顾以往的生活经历，反思它所产生的影响，你将会了解自己的冒名顶替综合征从何而来。此外，你还需要分辨消极的自我对话，即"冒名顶替者的声音"，这是冒名顶替综合征常见的表达方式。在这一部分结束时，你会发现究竟是哪些消极的自我对话影响了你的自我认知，并且找到应对冒名顶替综合征的方法。让我们开始吧！

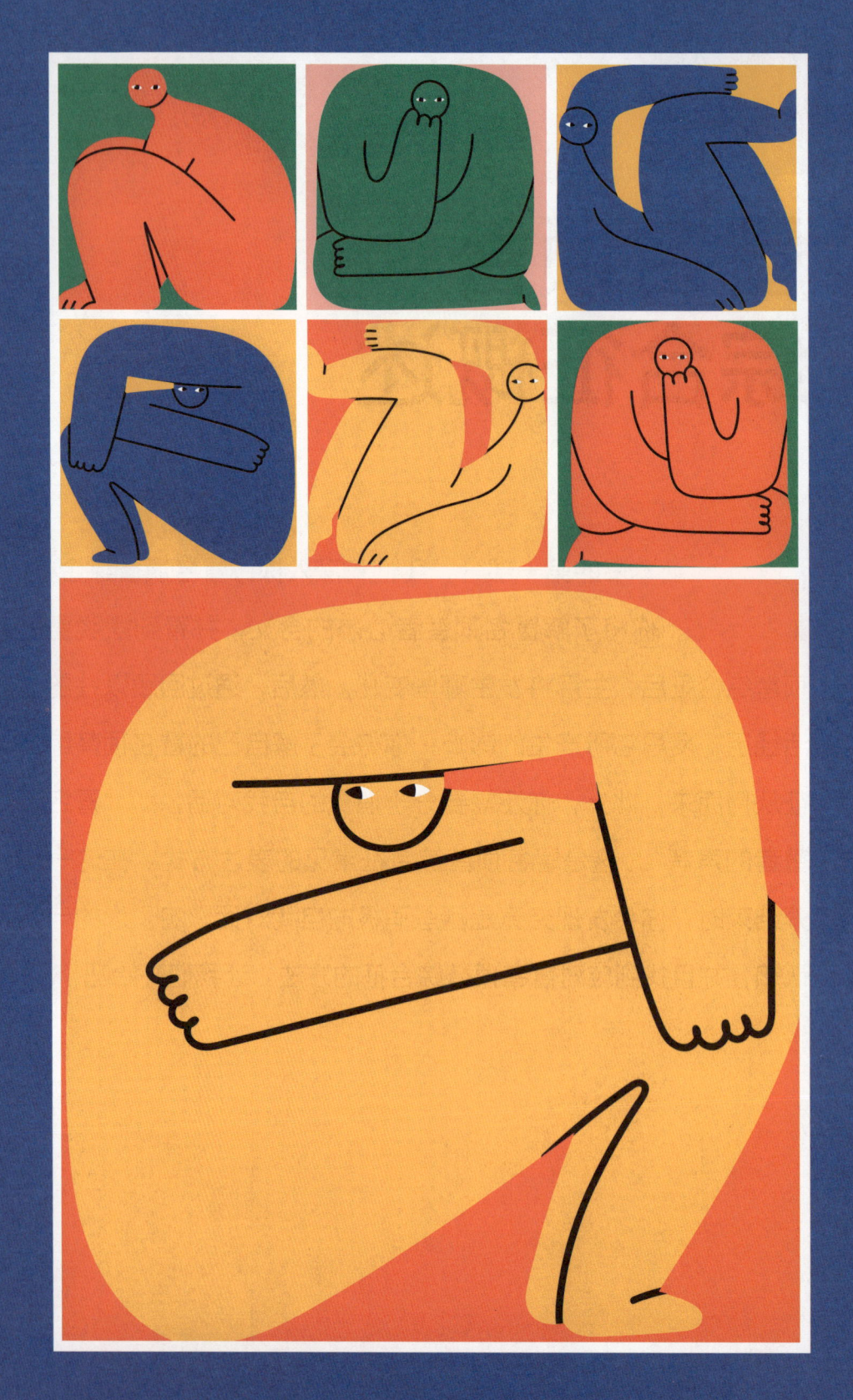

2

第一章

什么是冒名顶替综合征

有关冒名顶替综合征的讨论往往以学业和工作为背景。"我觉得自己在工作中像个骗子""如果他们发现我没有那么了不起怎么办",你对这些想法可能并不陌生。然而,冒名顶替者心态并不局限于学业和专业成就的领域——在与亲人的关系中、对外貌的感受,以及个人生活的其他方面,都可能是冒名顶替综合征的源头。在本章中,我们将讨论冒名顶替综合征到底是什么,它对我们整体幸福感的影响(例如引发倦怠感,带来情绪问题)。我们将思考解决冒名顶替综合征的好处,并且通过一些统计数据,证明这个问题的普遍性。

冒名顶替综合征的惯用定义

感觉自己像一个冒名顶替者，这意味着你认为自己并非如他人所想的那样有能力。尽管你已经取得了一些成功，或者有一定的信心，但自我怀疑和自我否定仍常常萦绕心头。这种无能感通常与一个人消极的自我对话有关：这些令人沮丧的信息会突然出现在脑海中，让你感觉自己不够好。这些信息可能针对各种各样的事情，并且对于不同的有冒名顶替者心态的人来说，其内容也有所不同。

消极的自我对话会使人产生自我否定、自己无法胜任的感觉，这些信息包括：

- 感觉自己不够好。
- 不断追求完美。
- 害怕失败或犯错误。
- 感觉自己像个骗子，或者感觉自己很幸运。
- 贬低自己的成功和成就。
- 感觉自己没有达到自我强加的或受社会和文化信仰影响而形成的期望。
- 害怕被拒绝和批评。
- 不断寻求外界认可。
- 需要表现和证明自己。

请记住，消极的自我对话总是与冒名顶替综合征联系在一起。下面我将讲述一位女士与冒名顶替综合征做斗争的故事，这个故事体现了自我对话对自我价值感的影响。只有意识到这些消极的内心声音之后，我们才能想办法消除这些声音。

> **桑德拉从证明自己到自我认可的历程**
>
> 桑德拉从小就认为自己将大有作为。从初中到高中，她都是优等生，毕业时还作为毕业生代表在毕业典礼上发表演讲。她的父母非常重视她的学业成绩，尽管桑德拉一直努力保持名列前茅的成绩，并且让父母感到骄傲，但同时还要完成额外的学习任务，向父母证明她的能力，这让她感到很有压力。她回忆说，在高中时，她担任学校数学俱乐部的会长，在放学后要接受额外的数学和英语辅导。小时候她没有太多社交机会，因为父母始终认为，她应该全力以赴去争取成功的人生。成年后，桑德拉依然坚信，自己的价值只取决于在学业和职业生涯中取得的成就。
>
> 在桑德拉31岁时，经过多年的打拼，她终于成为公司的首席执行官。当她发现自己在得知即将晋升为首席执行官，内心竟然没有多少波澜时，她感到十分惊讶。她想：如果我努力工作是为了向他人证明自己，那么现在我为什么没有丝毫骄傲和兴奋之情？几个星期以来，她一直在思考这个问题。她回想自己一直以来所承受的压力，在这种压力的鞭策下，她始终在努力争取更高的成就。桑德拉不禁对家人施加给她的压力感到不满和不安，但她也感到如释重负。她意识到无须不断向他人证明自己，尤其是在工作中，她开始相信自己已经足够优秀。

摆脱冒名顶替综合征的益处

克服冒名顶替综合征可以带来很多益处。当你告别了冒名顶替综合征，它的短期影响和长期影响都会消失，你的生活也会更加幸福。冒名顶替综合征的短期影响包括倦怠感、过度焦虑、对工作不满，并且为亲密关系而苦恼。一些常见的长期影响包括抑郁和焦虑、与他人脱节，甚至影响身体健康，导致睡眠不足和不健康饮食等问题。

本书将帮助你告别冒名顶替综合征，摆脱它所带来的日复一日的痛苦。你将进一步理解、信任并关爱自己和他人。抑制内心的冒名顶替者的声音，你会发现自己有更多的精力去工作或学习，在人际关系中做真实的自己，并从中收获更多的快乐。

认可自己以及自己的成就，不再是一个不切实际的梦。经过刻意思考和练习，它可以成为现实。接下来我们将逐一讨论这些益处。

摆脱倦怠感

作为一个肩负众多责任的成年人，你是否感到疲惫不堪，以至于想结束一切？我的朋友，这就是所谓的倦怠感。倦怠，或因长时间的工作、个人和社会压力而产生的极度疲惫，是冒名顶替综合征的常见症状。患有冒名顶替综合征的人常常发现，为了获得满足感和胜任感，自己不断地去争取越来越高的成就，却几乎没有时间休息，这让他们疲惫不堪。倦怠也会导致焦虑和抑郁，使自己与工作和其他人脱节，成就感降低。如果能摆脱冒名顶替综合征以及由此引发的倦怠感，你将获得更高的能量和动力，同时建立令人满意的社会关系。

提高应对有益风险的能力

解决冒名顶替综合征可以提高应对有益风险的勇气。患有冒名顶替综合征的人，往往惧怕失败或被他人视为无能，因此冒险对他们而言"风险太大"。但在生活中，我们总是免不了要承担一定的风险，无论是约某人出去、要求加薪，还是尝试一项新的活动。鼓起勇气放手一搏，你会找到适合自己的另一半，获得加薪的机会，或者点燃新的激情。

重燃生活的热情

摆脱冒名顶替综合征还有其他几项益处,包括提升工作表现、增加生活乐趣、建立更加健康的人际关系。因为冒名顶替综合征会导致焦虑和抑郁,两者都会产生短期和长期的后果。焦虑可能源于与冒名顶替综合征相关的恐惧,例如害怕失败、拒绝和批评,以及害怕被他人视为骗子等。倦怠以及对失败的恐惧会引发抑郁症状,包括绝望感、缺乏动力、欲望下降。人们往往会害怕去上班,推迟做家务,拒绝与亲人出去玩。如果你觉得自己正被焦虑或抑郁折磨,请记住,你可以寻求帮助。医疗服务人员或咨询师都能为你提供帮助。摆脱了冒名顶替综合征后,对于生活给予的一切,你会有更高的满足感和热情。

你并不孤单

如果你正因冒名顶替综合征而苦苦挣扎,我想告诉你,你并不是在孤军奋战,我和许多人都同你在一起。实际上,据统计,84%的成年人都曾在某个时候产生过这些感觉,因此这是一个极其普遍且能引发共鸣的问题。

卡嘉碧(Kajabi)在线教育平台在2020年的一项研究发现,84%的企业家和小企业主都经历过中度至重度的冒名顶替综合征问题,只有15%的受访者几乎没有或只有轻度的冒名顶替者心态或症状。该研究还发现,冒名顶替综合征的程度会因性别、种族群体和身份的差异而有所不同。

关键是,冒名顶替综合征影响着各行各业的人,他们处于不同的职业阶段,在家庭中扮演着各种各样的角色。每个人都有自己独特的经历,每一段经历都是有价值的,是值得尊重的。

要点总结

我们已经探讨了消极的自我对话与冒名顶替综合征之间的联系。接下来,我们将探讨那些消极的自我对话从何而来,因为这是摆脱冒名顶替综合征的重要步骤。在此之前,让我们回顾一下本章的几个要点:

- 冒名顶替综合征的表现是认为自己并非如他人所想的那样有能力。
- 消极的自我对话是指当你感觉自己像一个冒名顶替者时,脑海中出现的信息通常会让你认为自己是无能的,进而产生自我否定。
- 倦怠、抗拒有益风险、抑郁和焦虑,这些都是冒名顶替综合征的后果。
- 解决冒名顶替综合征可以带来很多益处,例如提升动力、精力,与他人建立良好的关系,勇于尝试新事物。
- 在与冒名顶替综合征的斗争中,你并不是在孤军奋战。意识到这一点后,你会感受到支持和理解,不再倾听冒名顶替者的声音,从而过上更加幸福的生活。

9

10

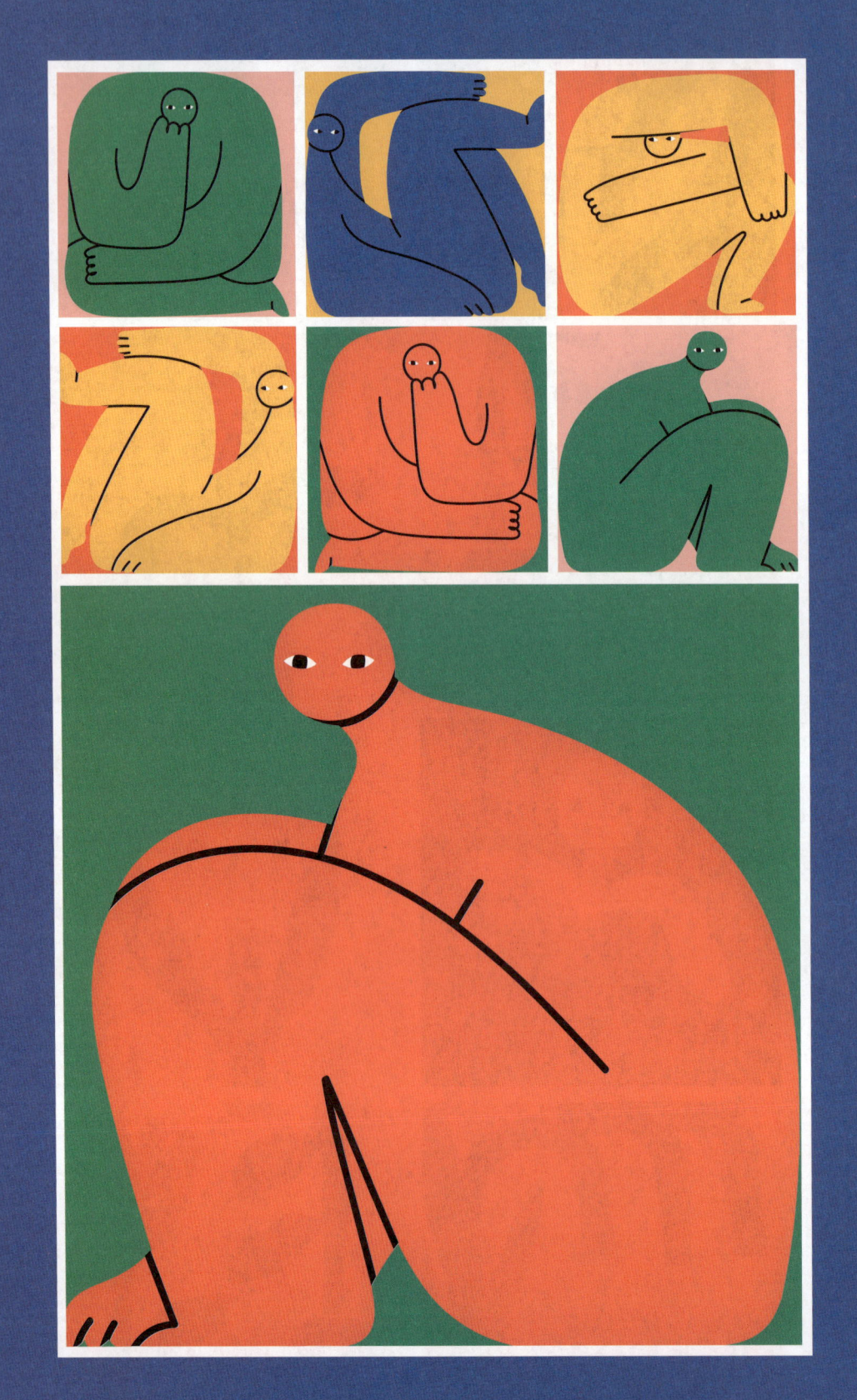

第二章

消极自我对话的来源

消极的自我对话令人软弱无力。它会使你灰心丧气，对未来感到焦虑，并且对自己和他人感到失望。它会影响你在他人身边的表现，哪怕是你的另一半和朋友等值得信赖的人。它也会妨碍你享受工作的乐趣。在本章中，我们将详细阐述消极自我对话的定义，并探讨它与冒名顶替综合征的联系。我们还将讨论童年经历对成年后的消极自我对话的影响，这一点非常重要。找到过去与现在的联系之后，你会更加深刻地认识到，那些令人沮丧的自我对话是如何形成的，以及它们为何会出现。

消极的自我对话与冒名顶替综合征的联系

我们已经讨论过消极的自我对话，即那些突然出现在脑海中的令人沮丧的信息，它们会阻止你产生良好的自我感觉。这些信息对生活的各个方面都毫无助益。例如，消极的自我对话会告诉你，你在人际关系中始终做得不够好，因此你必须不断向他人证明自己。这种自我对话将导致倦怠和愤恨，使你更加难以建立和维持你想要的令人满意的关系。

那么，在这本有关冒名顶替综合征的书中，为何要用这么大的篇幅来讨论消极的自我对话呢？因为消极的自我对话是导致冒名顶替综合征的原因。每个人消极自我对话的信息可能都不一样。它会让你认为自己没有能力或者不够资格，尽管你内心的某个角落可能知道事实并非如此。此外，感觉自己在某方面做得不够好，又会导致你产生更加严重的消极自我对话。也许你感觉消极自我对话定义了你，但请记住，它只能反映你一时的思维过程。我们的想法有时会准确地反映我们是谁、我们重视什么，但有时它也会欺骗我们。

养育方式对消极自我对话的影响

冒名顶替综合征的根源可能在过去。那些感觉自己是冒名顶替者的人，可能拥有一些共同的童年经历。李（Lee）、修斯（Hughes）和图乌（Thu）在2014年的一项研究发现，养育方式与冒名顶替综合征的形成存在一定的关联。研究发现，父母抚养过程中的过度保护或疏忽，都会导致亲子动力关系缺乏支持，并且伤害孩子的自尊。因此，孩子会将父母的过度保护或忽视解释为对自己的能力缺乏信任，这可能导致他们在成年后陷入冒名顶替者心态。例如，孩子可能会努力追求完美，试图获得漫不经心父母的认可或关注。成年以后，他们在工作和个人生活中可能会继续追求完美，以获得满足感和价值感。

导致消极自我对话的其他因素

除了童年经历,其他经历也可能引发消极的自我对话。例如,过去消极的工作经历或学校经历会让你认为自己很无能。第一次为人父母往往要面临诸多挑战,这会考验你的耐心,使你对自己作为父母的能力产生怀疑。一段不健康的关系或友谊,甚至一段有问题的婚姻,也可能使你成为冒名顶替者。

此外,有证据表明,文化因素也会增加日后患冒名顶替综合征的风险。受种族歧视和边缘化的影响,少数群体会产生身份压力。研究发现,这种身份压力与程度较重的冒名顶替综合征存在一定的关联。例如,朗福德(Langford)、麦克马伦(McMullen)、布里奇(Bridge)、拉伊(Rai)、史密斯(Smith)和里姆斯(Rimes)在 2021 年的一项研究显示,无论是在学业还是其他方面,黑种人都有更高程度的冒名顶替综合征。这项研究发现,遭受种族歧视的黑人女性更容易患上冒名顶替综合征。这些研究结果也告诉我们,精神虐待与肉体攻击都是歧视的具体表现,它会导致一些边缘群体(包括残疾人、社会经济地位较低的人和性少数者)质疑自己的能力,丧失信心,缺少归属感。这种感觉助长了消极的自我对话,他们认为必须努力证明自己,只有这样他们才能被群体、家庭和社会接受。

理解童年时听到的信息

为了了解一个人的成长经历对其消极自我对话的影响,我们需要探讨一下你在小时候可能听过的那些话。有些信息可能会通过他人的言行和情绪,隐晦地传达给你。其他信息则可能会被更加直接地传达给你和/或你生活中的其他人。

我们要讨论的信息包括"你要证明自己""你的为人处事必须完美""取得成功后,你才能得到我的爱""你永远都不够好"。当我们更加深入地探讨这些信息时,请记住,这些信息并不是在描述你曾经的经历,它们不一定包括你在童年接收的所有信息。我们在此讨论的只是与冒名顶替综合征有关的常见信息，以此为例分析个人成长经历对消极自我对话的影响。在本书的第二部分，你可以进一步探索自己童年时曾接收到的信息。

"你要不停地向我证明你自己。"

在一个孩子的成长过程中，他可能会经常令父母失望，或者使父母与他疏远。孩子需要得到养育和照顾，他可能会尝试做各种各样的事情来证明自己值得被照顾、关爱和关注。因此，孩子会在学校表现优异，或者在家遵守所有规则，无休无止地向父母或养育者证明自己。如果父母或养育者对孩子的尝试没有回应，比如孩子没有因此得到赞扬或关爱，那么他在试图获得接纳和关爱时就会感到无助。

"你是完美的，所以你所做的一切都应该完美无缺。"

父母或养育者可能会认为自己的孩子非常了不起，因此他们期望孩子成为一个完美的人。例如，父母或养育者或其他成年人，如教师，可能会期望孩子在学校的每一门功课都得 A。当孩子的表现没有达到成年人提出的不切实际的期望时，他可能会被这些成年人贴上标签，比如懒惰、愚笨或在某方面缺乏能力。孩子接收到混杂的信息，这些信息一方面告诉孩子他是与众不同的，另一方面又说他是平庸无能的。因此，他可能会认为自己一定要达到完美。

"你永远无法像你的兄弟姐妹或其他亲戚那样优秀。"

一些有兄弟姐妹或生活在成员众多的大家庭里的孩子，可能会接收到各种各样的感受和信息。例如，父母或养育者可能会将孩子与其兄弟姐妹或其他家庭成员进行消极的对比。孩子会接收到这样的信息，即他永远比不上自己的兄弟姐妹或其他已得到认可的人。这条信息会让孩子觉得自己生活在他人的阴影下，人们没有看到他作为一个人的价值和意义。

"只有取得成功，你才能得到我的爱与关注。"

父母的爱是无条件的，这是父母之爱的重要特征。它能让孩子在探索世界时感到安全和踏实，并且充满信心。但有些父母的爱却是有条件的，他们往往对孩子的养育漫不经心，或在情感上疏远孩子。有条件的父母之爱的表现之一，就是只有在看到孩子的成功后，才会给予爱和关注。例如，当孩子按照父母的指示行事时，他可能会得到赞扬和关爱，除非孩子表现得很好，否则他得不到任何赞扬或关爱。因此，孩子会认为，自己必须取得成就才能得到爱与关心。

走出阴影的阿明

阿明感觉自己一直活在哥哥的阴影下。他的哥哥亚历克斯一直被家人视为聪慧的人、成功的榜样。亚历克斯上学时一直名列前茅，毕业后成为一名医生，而阿明非常努力才能勉强取得不错的成绩。

在成长过程中，阿明总能听到母亲赞扬亚历克斯多么优秀，她感到多么自豪，因为亚历克斯很聪明，无论在学校还是在工作中都表现出色。母亲告诉阿明要向哥哥学习。阿明觉得自己永远也无法获得母亲的关注和爱，因为哥哥总会吸引她所有的目光。在长期的对比下，阿明渐渐开始产生这样的认识：我永远比不上哥哥，所以我永远都不够好。

这种心理一直延续到阿明成年。他讨厌自己的工作却不敢辞职，因为这份工作的收入十分可观。阿明认为，他在经济上的成功最终会向母亲证明，他和哥哥一样优秀。有一天，阿明向朋友倾诉自己的苦恼，他希望不用再生活在哥哥的阴影之下。朋友问他："你为什么不能摆脱他的阴影?"对于这个问题，阿明思考良久，然后才意识到，童年时期从母亲那里听到的评价，使他认为自己永远都不够好。从那天起，阿明开始学会独立，在一位咨询师的帮助下，他知道自己有能力摆脱哥哥的阴影，充分地认可自己。

这些信息如何影响成年后的我们

童年时期接收到的那些隐晦信息会一直伴随我们。成年后，这些童年信息会影响我们对自己的评价。只有充分了解自己的信念，并且认识到它们来自过去的哪些经历，我们才能抑制冒名顶替者的声音。

养育者将你与兄弟姐妹或其他人进行对比，特别是在小时候，这种对比会使你疑惑父母是否爱你，或者使你产生"别人拥有你所没有的东西"的想法。这种想要弥补自身不足的压力，会导致你不断将自己的外表、能力或成就与他人进行比较。你甚至会问自己："努力有什么意义？"在这个过程中，你希望从令人沮丧的比较中解脱出来，并且获得满足感。

对于那些受困于冒名顶替综合征的人来说，追求完美是另一种常见的心态。也许你知道完美是不可能实现的，但你仍然认为自己需要做到完美，只有这样才能取得成功，赢得关注。这种信念通常源自幼年的经历，那时你会因做了"正确"的事而受到赞扬，也会因做了"错误"的事而受到斥责或蔑视。成年后，你可能依然会通过争取成功或做"正确"的事来吸引身边的人。追求完美令人精疲力竭。我知道，也许在内心的某个角落，你相信不完美的人才是真正的人，你相信自己已经足够优秀。我也如此相信！

要点总结

在本章的开篇，我们详细阐述了消极自我对话和冒名顶替综合征之间的联系。我们也通过思考童年经历对成年后的消极自我对话的影响，探讨了消极自我对话的来源。在进入下一章之前，让我们回顾一下本章的几个要点：

- 消极的自我对话会导致冒名顶替综合征，而后者又会促进消极的自我对话（真是一个恶性循环）。
- 与冒名顶替综合征做斗争的人，可能有一些共同的童年经历，如被父母过度保护、被父母忽视、遭受过精神虐待和歧视。
- 一个人可能会在童年或成年初期接收到一些隐晦的或直白的信息，这些信息会逐渐演变为消极的自我对话。
- 每个人都有自己独特的成长经历和故事，这可能导致一系列消极的自我对话信息的产生。
- 意识到那些令人沮丧的信息的来源与形成过程，将为你开辟一条充满希望的道路，引领你摆脱冒名顶替者的声音，并坦然接受自己的成就。

18

第三章

你与冒名顶替综合征

在本章中，我们将用更大的篇幅来深入探讨冒名顶替综合征和消极自我对话之间的联系，从而帮助你了解自己的冒名顶替者声音。我们要了解冒名顶替者声音对你的定义，以及童年时接收的信息如何塑造了这种虚假形象。你也将有机会思考如何应对冒名顶替综合征。进一步了解自己的冒名顶替者的声音，为接下来的重要任务——根据本书第二部分中的练习，彻底摆脱冒名顶替综合征——奠定基础。

在消极的自我对话中，你是什么样的人

正如上一章所述，消极的自我对话是对童年接收到的隐晦信息或直白信息的一种翻译。这些信息在成年后可能以冒名顶替者的声音或冒名顶替综合征的形式出现。它们会内化为我们对自己不切实际的期望。我们难以实现这些期望，进而对自己的能力产生怀疑，并害怕暴露自己不如别人的"真面目"。

对不同的人来说，不切实际的标准也各不相同，并且可以归类为不同的原型，接下来我们将一一探讨。在阅读本章讨论的五个原型时，请花点时间与自己逐一对照，找到符合你自身情况的原型。当然，每个人的经历不同，你可能会发现，自己身上某些冒名顶替综合征的情况并未出现在这个列表中。但这些原型可以表明，消极的自我对话可能会让你产生不切实际的期望，并使你对自己和自己的能力产生错误的认知。通过这些原型，你也能看到这些信念是如何阻碍你认可自己的。

完美主义者

完美主义者的声音要求你达到完美。它使你相信，每件事都必须做得完美无瑕。无论是成为完美的另一半、完美的朋友，还是完美的员工，完美主义者都不希望出错或失败。如果出现了不可避免的错误，或者你发现自己在某些方面有缺陷，那么完美主义者的声音会使你陷入持久的内疚与自我指责中。例如，它会让你认为自己能力不足，或者责备你不够努力。它也会让你认为别人对你很失望，或者别人可能会因为你不够完美而排斥你。

天才

天才的声音通常要求你无所不知，我所说的"无所不知"是指知晓一切。它希望你知道如何做父母，如何当一个好丈夫或好妻子。它可能会告诉你，在接手

一份新工作时，你应该驾轻就熟。当天才的声音出现时，你会觉得无论是个人生活还是职业发展，你都没有成长、学习和发展的空间。如果在学习新东西之前，你还有尚未掌握的知识或能力，天才的声音就会让你感到自己十分无能。

独行侠

独行侠的态度是，你必须能在没有任何人帮助的情况下独自完成所有事。它认为寻求帮助和需要帮助都是软弱或失败的表现。如果你遇到一项棘手的工作项目，需要他人帮助，或者你需要朋友的情感支持，这时候独行侠的声音可能会要求你坚强起来，自己解决问题。这种想法会阻止你去寻求必要的帮助，因为如果求助于别人，你会感到自己很失败。

专家

专家和天才的相似之处在于，都希望你能够精通某一个主题，并对它无所不知。但专家只出现在工作和/或学校的情境下，而天才却可能出现在其他与工作无关的领域。专家的声音不允许你在一个问题上存在任何欠缺。例如，如果你要在谷歌上搜索晚餐食谱，或在工作培训期间提出问题，那么专家的声音可能就会响起，指责你不够聪明或不够努力。这种心态会使人们难以坦然地提出疑问或向他人学习。

超级英雄

超级英雄的声音会告诉你，你有能力在生活的各个领域里承担无限量的工作和责任。因此，你会在工作、学习、社交和/或个人生活中透支自己。它可能会导致你难以为自己的休息和恢复空间设置并维持清晰的界限。如果你达不到超级英雄的标准，无法完成需要承担的众多任务，你就会陷入内疚和自责。

摆脱完美主义的杰斯

杰斯一直被认为是一个能够将生活安排得井井有条的人。在外人看来，他是"完美的"——完美的另一半、完美的孩子、完美的员工，但杰斯内心的感受却完全不同。

从幼年起，杰斯的父母就将他视为"小神童"，因为他在小学时表现优异。到了中学，他犯了一些错误，并且费了一番功夫才适应了学校，其实这很正常。但杰斯注意到，每当他犯了错误，或者做得不够完美时，都会遭到母亲的斥责或被沉默对待。因此，必须完美成为杰斯内心的信念。

带着这样的信念，杰斯步入成年，他在亲密关系中也力求完美。作为家中的顶梁柱，他经常在晚上加班工作，希望能为另一半提供更好的物质生活。在他不断追求完美的同时，内心却潜藏着一种恐惧，即如果自己不够完美，另一半就会对他失望或离开他。最终，另一半厌倦了他总是忙于工作，并向杰斯表达了自己的感受。杰斯终于明白，对方所爱的是他这个人，而不是他所能提供的东西。杰斯知道自己必须做出改变了，他开始缩短工作时间，花更多的时间陪伴另一半。渐渐地，杰斯开始意识到，自己的另一半并不会离他而去，而且在大家看来，他已经足够优秀了。

你的应对策略是什么

面对冒名顶替综合征所带来的影响，你可能会发现，自己要用不同的工具来应对和控制这些影响。我们会运用一定的策略来应对生活中不同时期的不同问题。即使面对同一个问题，不同的人也会用不同的方法去解决。

在本节中，我们将了解用于应对冒名顶替综合征负面影响的三种常见策略。但需要注意的是，这其中可能没有你所使用的应对策略。如果是这样，你可以在本书的后半部分，进一步探索如何应对你的冒名顶替综合征。

在反思这些常见的应对策略时，我们会逐一探讨每种应对策略是如何控制冒名顶替综合征的影响的。请记住，这些应对方法看似有效，尤其是在短时间内，但从长远来看，它们未必是健康的解决方案。我们将在本书的第二部分探讨应对和解决冒名顶替综合征的健康方法。

过度工作

患有冒名顶替综合征的人可能会借助过度工作来解决这一问题。相信我，我对这种方法也不陌生。过度工作是指在某个时间内，以超出自身能力和精力的水平去工作。在与冒名顶替综合征做斗争的过程中，我发现自己经常加班，或者熬夜为好朋友寻找完美的生日礼物。你可能也会过度工作，以此来试图清除冒名顶替者的声音，这种声音可能会说"你必须完美""你不应该寻求帮助""你应该做得更多，因为每个人都在指望你"。尽管过度工作是一种防止无能感的保护机制，但它也会强化冒名顶替者的声音。

逃避

处理冒名顶替综合征负面影响的另一种常见方法是逃避，包括有意或无意地采取行动，与某事或某人保持距离，或阻止自己做某些事。例如，由于害怕被拒绝，你可能会逃避与自己真正喜欢的人约会。在这种情况下，你是在保护自己免受冒名顶替者声音的困扰。这些声音会告诉你，如果你失败了，或者遭到拒绝，那么你就是不讨人喜欢的。逃避可能会阻止冒名顶替者声音的出现，但并不能将其清除。冒名顶替者的声音仍然存在，因此你可能依然不敢承担有益的风险，而这些风险往往能够提升你的成就感。

保密

我们要探讨的最后一种应对策略是保密。保密，或对他人隐瞒某些事情，其表现方式多种多样。例如，你没有将内心的焦虑告诉任何人，或者没有向咨询师寻求帮助。将这些秘密隐藏起来，你就不会为自己的软弱或失败而苦恼，如果你试图寻求帮助，那么冒名顶替者的声音会让你感到自己是软弱或失败的。保密可以帮你隐藏自己的错误、缺点、局限、需求和感受，从而平息冒名顶替者的声音。尽管把事情藏在心里似乎更容易，但不得不隐藏这么多事情会使你感到沉重不堪，生活也失去了乐趣与真实性。

要点总结

在本章中，我们探讨了五种不同的冒名顶替者原型，它们都设定了不可能达到的标准，且每个冒名顶替者原型的声音都会斥责或惩罚没有达到其标准的人。我们了解了杰斯的经历，他曾受困于完美主义者的声音，后来开始尝试摆脱完美主义。之后，我们探讨了几种常见的应对冒名顶替者心态负面影响的策略，但这些策略并不能带来真正的帮助。在开始本书的第二部分之前，让我们先回顾一下本章的几个要点：

- 人们在童年时期接收到的一些信息，往往会转化为消极的自我对话。而消极的自我对话，可能会进一步导致人们在成年后给自己设定不切实际的期望。
- 每种冒名顶替者原型的声音都会对无法达到不切实际的标准的人进行贬低。
- 不同的人会以不同的方式应对冒名顶替综合征的负面影响。
- 我们将在本书的第二部分探讨摆脱冒名顶替综合征的有效方法。

25

26

第二部分

摆脱冒名顶替综合征

深入了解冒名顶替综合征，是克服它的第一步，到目前为止，你做得非常棒！带着在第一部分中了解的观点与信息，接下来我们将进入第二部分。在这部分中，我们将研究控制冒名顶替者心态的有效策略。在接下来的几章中，我建议你进行自我反思，这有助于清除冒名顶替者的声音，并且更加充分地接纳自己。在这个过程中，你可能会感到不适和痛苦，这很正常。温柔地对待自己，并时刻提醒自己，你正朝着更加自信与幸福的人生迈出重要一步。

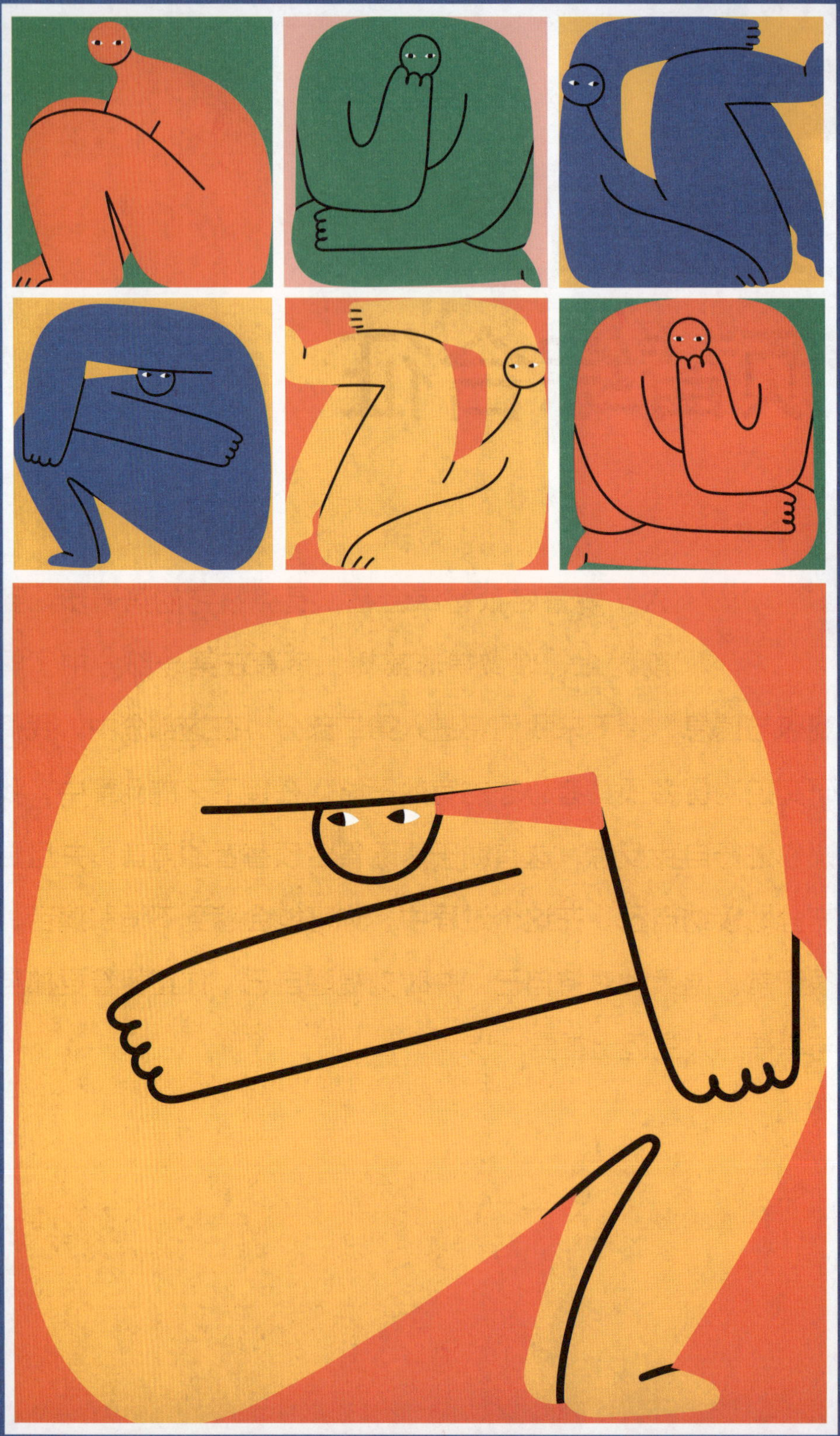

第四章

跳出消极的自我对话

消极的自我对话是冒名顶替综合征的重要组成部分，有时你会感觉它定义了你。在此我需要重申，消极的自我对话并非与生俱来，相反，你只有陷入冒名顶替者的情绪中时，消极的自我对话才会出现。只有跳出消极的自我对话，你才有可能将它与自身分离。只有与这些信息保持一定的距离，你才能有空间去观察它。在本章中，你将学会如何跳出消极的自我对话，并学会对它提出质疑。如果你能质疑它及其合理性，那么你就可以为自我同情的信息腾出更多空间，并且进一步认可自己。

意识到了自己的冒名顶替者声音的阿妮娅

阿妮娅成长于一个勤奋之家。她记得在自己的少年时代，父母整天忙于工作，晚上她基本都和兄弟姐妹在一起。父母很专注于工作，并且为全家人创造了良好的生活，因此，阿妮娅长大后也将工作视为生活的重中之重。

大学毕业后，阿妮娅获得了带薪实习的机会，她非常兴奋。但这种兴奋感很快就消失了，因为阿妮娅在休息时间也要回复老板的电子邮件和短信。她发现自己周末加班只是为了满足他人的需求。她很少听到"谢谢"，老板也经常斥责她没有按照"正确"的方式做事。她逐渐感到自己不被欣赏，精疲力竭，无论怎么努力都不够。

换了一份工作后，阿妮娅才意识到，那次实习经历对她的自我价值产生了极大的影响。在第二份工作中，阿妮娅获得了充足的支持和报酬，工作量也适中。同事和老板对她赞赏有加，她开始跳出冒名顶替者的声音，这声音告诉她，她不够优秀，永远无法以"正确"的方式做事。然后她才意识到，自己的冒名顶替者声音由她在第一份工作中接收到的信息组成，甚至也包含了来自父母的信息，他们也曾强调要努力工作。认识到这一点后，阿妮娅能够以更强的信心面对工作和生活了。

质疑消极的自我对话，并以同情之声相抗

阿妮娅的故事告诉我们，与消极的自我对话保持一点距离，有助于我们对它提出质疑。对阿妮娅来说，找到一个拥有健康氛围的新工作，可以帮助她从更客观的角度看待自己内心的负面信息。有了这段更加健康的经历，阿妮娅开始回忆她经历过的人和事，实际上，这些人和事又验证了她的自我价值。阿妮娅渐渐明

白,她对自己的负面认识并不真实,尽管在当时它们看起来无比真实。

阿妮娅的故事是一个典型的例子,它让我们看到,如果能够腾出一些空间去质疑消极的自我对话,将会产生怎样的影响。你可以通过多种方式与消极的自我对话保持距离,重要的是找到最适合你的方法来拉开距离。这种距离和反思能够为你创造自我同情的空间。

什么是自我同情?从本质上来说,自我同情意味着善待自己、体谅自己,尤其是在遇到困难的情况下,它就像你对待一个珍贵的朋友一样。自我同情与消极的自我对话相反,前者会使你保持积极的心态。自我同情可以帮助你增强自我价值感和自信心,从而清除消极的自我对话,摆脱冒名顶替者心态。

回到开始的地方

我们往往对自己抱有一定的信念。其中一些信念源于早期的经历,有时甚至可以追溯到童年时期。成长方式会塑造我们对自己和他人的认知,而这些认知未必会让我们感觉良好。例如,我们发现,童年时缺少关爱的孩子,成年后往往会取悦他人。意识到过去的经历对现在的消极自我对话的影响,有助于我们将这些信息与自身分离。

回想一个经常出现在你内心的消极自我对话。想一想是什么样的童年经历导致了这种消极的自我对话呢?

_____

_____

_____

_____

_____

_____

_____

小测验：你是否对自己有足够的同情

这里探讨四种自我同情行为。请你针对每一个问题，选择最符合自己感受的数字。

0 = 从不，1 = 很少，2 = 有时，3 = 频繁，4 = 经常，5 = 总是

宽容

在犯错误或遭遇失败后原谅自己，可以帮助你从错误中吸取经验教训，获得成长。你是否经常原谅自己？

0　　1　　2　　3　　4　　5

自我照顾

关心自己能够避免倦怠、提高动力、获得满足感。你是否每个星期都会进行自我照顾？

0　　1　　2　　3　　4　　5

积极的肯定

对自己说一些友善和鼓励的话，可以帮助你发现并赞扬自己的优点。你是否经常在内心肯定自己，或者用言语肯定自己？

0　　1　　2　　3　　4　　5

友善的行为

除了善待自己，善待他人也是自我同情的一种方式。你是否经常为他人做一些好事？

0　　1　　2　　3　　4　　5

评分： 你在哪些问题中的得分是 0、1、2？这说明你需要从这些方面入手，培养自我同情的能力。继续阅读本书，练习自我同情。

你在哪些问题中的得分是 3、4、5？这说明你已经从这几个方面进行了自我同情。请继续好好爱自己。

你的冒名顶替者声音是什么样子的

消极的自我对话往往会让人感觉它是你自己的声音。但正如前文所述,冒名顶替者的声音综合了他人的言行、你自己的经历,以及你看到的他人所受的待遇。将你的冒名顶替者声音与你分离,从而为你自己的真实声音腾出更多空间,这种真实的声音来自自尊和自我照顾。

如果你的消极自我对话是一种动物或想象中的生物,它将是什么样子的?声音是怎样的(音调、音量)?它在做什么,或者它的行为举止是怎样的?它栖息在什么样的地方?

也许它是一只黑色长毛大蜘蛛,语速很快,会编织谎言之网,也许它是一只看起来很愤怒、声音低沉而洪亮的狮子。在下面的空白处画出你的冒名顶替者声音的具体形象。不需要艺术技巧,你可以使用不同的颜色和形状,随心所欲地发挥创意。如果你愿意,也可以在大脑中想象。如果需要,你也可以写下想象中的内容。

提炼不可能的期望

在上一章中，我们探讨了一些冒名顶替者的原型，包括完美主义者、专家、超级英雄、独行侠和天才。也许你曾看到父亲为每个人所做的一切，并因他所做的一切而受到赞扬，于是你的内心出现了一个超级英雄的形象。成年后，你觉得自己也要成为超级英雄，并且只有这样才能获得别人的认可。探索自己的冒名顶替者原型是如何出现的，这样一来，你会发现，自己的消极自我对话是基于过去的经历，而不是对你本人的定义。

确定一个能与你产生共鸣的原型。是什么样的早期经历创造了这个原型？如果你认为这五个原型中没有适合你的原型，你也可以提出自己的原型。

_____
_____
_____
_____

现在你对自己有哪些更加符合实际的期望？

_____
_____
_____
_____
_____

> **无论别人正在做什么事情或者做了多少事情，我都会在每时每刻尽我所能地爱自己。**

从惩罚到关爱

在这个练习中，你需要找出两到三个在工作、学习或人际关系中出现的消极自我对话信息。然后，找出这些消极自我对话所对应的原型，比如完美主义者、专家、超级英雄、独行侠和天才。接下来，你需要分析该原型对你毫无帮助的原因。最后，列出一条对自己有帮助的自我同情信息。通过这个练习，意识到消极的自我对话对生活毫无帮助，进而与其拉开距离，为真正有用的自我同情创造空间。

消极的自我对话	原型	该原型如何惩罚我	一条真正有帮助的自我同情信息
例：在工作中寻求帮助是软弱无能的表现。要坚强起来	独行侠	我必须独立完成所有工作。我感到精疲力竭，且与他人脱节	我可以寻求帮助。向他人寻求帮助可以使我感受到支持，提高工作中的成就感

第四章　跳出消极的自我对话

采访你的消极自我对话

消极的自我对话可能由许久以前接收到的信息组成。你会感觉它已经成为自己的一部分，似乎它就是事实，它好像在生活中以不同的方式保护了你。在这个练习中，你需要扮演一位好奇的采访者，去采访你的消极自我对话。对消极的自我对话提出质疑，然后判断它是否仍然在以同样的方式保护你。

选择一条经常出现在你脑海中的消极自我对话信息。记住这条信息，通过提问以下问题来采访它，并在空白处填写答案。

说出它最害怕的一件事，或它最担心的、最坏的情况：
_____
_____

它如何在生活中保护你或帮助你？举例说明它怎样保护你免受最惧怕之事的伤害：
_____
_____

它在生活中的哪些方面无法提供帮助：
_____
_____

如果它不再逗留于此，将会发生什么？
_____
_____

在没有它的情况下，你会如何照顾自己？列出一到两种方法（提示：想一想，在没有出现消极自我对话的时候，你是怎样照顾自己的）。
_____
_____
_____

"放手"身体扫描

让我们根据指导来进行正念练习,从而将你与消极的自我对话分离。这项练习可以帮助你的身心与消极的自我对话保持距离,从而更加清晰地认识其本质。

1. 找一个安静、舒适的地方,以舒服的姿势躺下或坐下。如果你愿意,可以闭上眼睛。
2. 做几次深呼吸。用鼻子吸气3秒,屏住呼吸2秒,用嘴巴呼气3秒。重复这个"3—2—3"方法呼吸三到四次,或者直至你感到平静为止。
3. 回忆一条消极的自我对话信息。将这条信息植入大脑后,观察身体发生了哪些变化。你可能会发现,身体的某些部位变得沉重或紧张,比如胸部或肩膀。你的呼吸模式可能会改变,或者你可能会感到温暖。
4. 确定了身体的某个部位感觉不适或发生了变化,从而确定消极自我对话所处的位置。接下来你需要尝试与之分离。
5. 重新开始使用"3—2—3"呼吸模式。想象消极的自我对话会随每次呼气慢慢地离开身体的那个部位。

> **有时我必须放下那些对我不再有帮助的东西,问一问自己:"我现在需要什么?"**

关注自己的需求

自我同情是指善待自己，关爱自己，哪怕是面对自我批评。下面列出了许多自我同情的行为。在消极的自我对话还未出现时，你可以先尝试其中的一到两种行为。经过一些练习后，当消极的自我对话出现时，再去实践这些行为。你可以在空白的便签上列出自己的想法，可以是你正在做的事，也可以是你想做的事。

- 吃一顿自己最喜欢的饭菜或洗个热水澡，或者看一集自己最喜欢的电视剧。
- 记录自己的感受或向朋友宣泄。
- 对自己说一些充满爱意的话。大声说出来或写在日记里。可以设想一下，你会对一个自己真正关心的朋友说些什么。
- 在工作项目或日常任务中向同事或亲人寻求帮助。
- 今天为别人做点好事。你可以去拜访一位老朋友，为一个组织或图书馆做志愿者，或者向另一半表达你对他的关心。

挖掘真相

消极的自我对话信息会让人误以为它就是事实。尽管其他人可能会告诉你事实并非如此，但你并不相信。在这些负面信息中，你内心的某个角落也知道它们并非事实。走进这个内心的角落，你将进一步接纳自己的畏惧，甚至摆脱冒名顶替综合征。

回想一段能够否定你的消极自我对话的经历，并在下面对这段经历加以总结。这次经历使你对自己产生了怎样的认识？

_____
_____
_____
_____

关爱自己

在这个练习中，你需要反思消极自我对话所产生的负面影响，从而对它提出质疑。阅读下面的清单，选出与你的情况相符的选项。

消极的自我对话使我：

- ☐ 感到倦怠和精疲力竭
- ☐ 感到孤单
- ☐ 感觉自己永远不够好
- ☐ 很难开口向他人寻求帮助与支持
- ☐ 认为自己能力不足
- ☐ 认为自己会被拒绝或抛弃
- ☐ 当我犯错或有不足的时候，感到自己是无能的或失败的
- ☐ 认为爱与关心都是有条件的，需要努力争取才能获得
- ☐ 拖延任务
- ☐ 想起那些让我感到羞愧或焦虑的假设性想法
- ☐ 难以在人际关系和工作中建立并保持合适的界限

从你所勾选的项目中挑出一到三项。如果从自我同情的角度来关心自己，在这种情况下你会如何帮助自己？（例如，如果消极的自我对话让我觉得朋友会拒绝我，那么我可以通过如下方式进行自我同情：用朋友曾说过的话或做过的事来提醒自己，这些言行体现了朋友对我的关心。）针对你在上述清单中所选的表述，将相应的自我同情行为或表述填写在下面的心形空白处。

表达自我同情

自我同情是打消消极的自我对话并逐步摆脱冒名顶替综合征的重要条件。表达同情的方式包括宽容地对待自己，放下过去的遗憾或错误，进行自我照顾。

在这个练习中，你需要通过自我同情来回应消极的自我对话。你的回应可以是积极的自我肯定、宽容的举动、自我照顾，或者其他能使你感觉良好的活动。如果消极的自我对话说："在工作中寻求帮助是无能的表现。"那么自我同情的声音可以这样回应："你可以寻求帮助，每个人都会在某个时刻需要他人的帮助。"

根据下面的情境，描述如何通过自我同情来回应消极的自我对话。如果你在思考自我同情的回应时遇到了困难，可以设想当你的朋友遇到类似的情况时，你会对他说什么或做什么。

如果消极的自我对话使我感到自己在工作中像一个冒名顶替者，那么我可以通过以下方式来表达对自己的同情：

_____
_____
_____
_____
_____

如果消极的自我对话使我在人际关系中感到自卑，那么我可以通过以下方式来表达对自己的同情：

_____
_____
_____
_____
_____

如果消极的自我对话告诉我，我对朋友不够好，那么我可以通过以下方式来表达对自己的同情：

_____
_____
_____
_____
_____
_____
_____

如果消极的自我对话让我感到自己在家庭中很失败，那么我可以通过以下方式来表达对自己的同情：

_____
_____
_____
_____
_____
_____
_____

如果消极的自我对话让我觉得自己在学校或社交场合中缺乏智慧和能力，那么我可以通过以下方式来表达对自己的同情：

_____
_____
_____
_____
_____
_____
_____

> 焦虑不能定义我，它只是我经历的一部分。
> 当焦虑出现时，
> 仅仅意味着此时我需要更多的爱与关心。

向幼小的你表达爱

经过对冒名顶替者声音的逐层剖析，我们发现，冒名顶替者的声音本身带有感受。这个声音可能充满恐惧、忧虑、悲伤或沮丧。它害怕被别人看不起，害怕被拒绝或再次受到伤害。将冒名顶替者的声音看作一个需要安全感、需要被照料的孩子，这样便能暴露这个声音的脆弱性，同时也承认你自身脆弱的一面。

回想你的冒名顶替者声音因恐惧或沮丧而向你传达的一条消极内容。想象是"幼小的你"因恐惧或沮丧而说出了这些话。为了向他表达关爱，为他提供安全感，你会对这个"幼小的你"说什么？

_____
_____
_____
_____
_____
_____
_____
_____
_____
_____

接纳可能性

消极的自我对话会产生不切实际的期望，从而导致冒名顶替者心态。因此，我们必须识别出那些不切实际的期望，它们可能会被误认为是切合实际的真实期望。这个练习需要你观察自我对话中不切实际的方面，从而帮助你对消极的自我对话提出质疑。

在这个练习中，你需要反思你对自己的一些期望，无论是在人际关系中，还是在工作、学校或社交场合里。花点时间来分析这种期望的不切实际之处。你可以回想自己为了达到这个期望而付出的巨大努力。最后，你需要对不可能实现的期望进行改造，使之符合现实情况。这个练习可以帮助你回想自己曾经设定过的更加实际的期望，它们能为你带来胜任感和满足感。

不可能实现的期望	为什么这种期望不切实际	写下一个切合实际的期望或信息
例：我必须始终保持完美	犯错是生活的一部分。任何人都不可能是完美的	虽然我犯了错误，但我已经竭尽全力改正

自我同情日历

我们已经探讨了自我同情对清除消极的自我对话的重要价值,接下来让我们付诸实践。利用下面的日历,每天练习一到三种自我同情的方法。在空白处记下实践心得,或者填写你已经在使用的自我同情方法。不断实践自我同情,逐渐适应自我同情,并使之成为习惯,从而更加轻松地阻止冒名顶替者声音的出现。

	上午	下午	晚上
星期一	提前安排好一周的休息时间		告诉自己你已经做到了
星期二		向另一半或同事寻求帮助	
星期三	与自己对话,了解自己的感受		拒绝一项自己不想做的工作
星期四			向另一半索求一个拥抱
星期五		写下本周完成的令自己感到骄傲的一件事	
星期六		用自己喜欢的东西奖励自己	
星期日	写下自己本周所犯的一个错误,总结一条经验教训		睡前一小时关闭所有的电子设备,睡个好觉

要点总结

在结束本书第二部分的第一章之前,让我们再来回顾一下本章的内容。后退一步,审视自己的消极自我对话,这是接纳自己的第一步,也是至关重要的一步,而你刚刚完成了这一步。后退一步可以使你更加清晰地聆听和理解冒名顶替者的声音,并且明白它对你并无实际的帮助。下面是对本章要点进行的总结:

- 与消极的自我对话保持距离,能够帮助你更加客观、清晰地看待它。
- 反思和质疑你的消极自我对话,从过去的经历中寻找它的根源。
- 自我同情是指友善、宽容地对待自己,给予自己关爱,即使是(尤其是)在遇到困难的时候。
- 随着自我同情的信息越来越多,冒名顶替者的声音将渐渐消失。

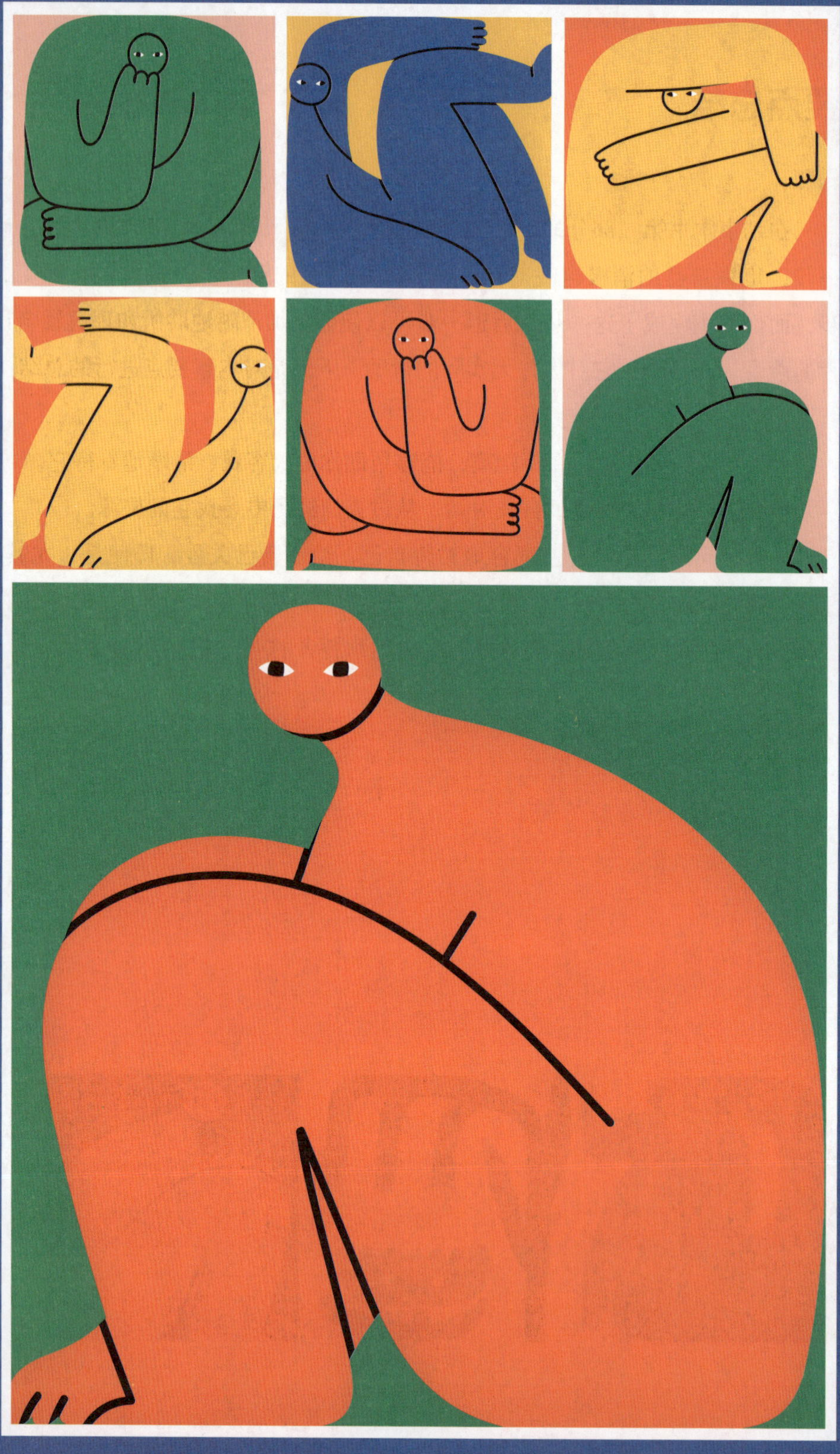

第五章

找到你的触发因素

通过上一章我们知道，跳出消极的自我对话，不仅可以帮助你质疑它，还可以帮助你找到触发因素，即最初导致其出现的因素。每个人的触发因素都不相同。为了清除消极的自我对话，你必须找出自己的触发因素。你可能会发现，某种特定的环境或情况会导致你产生冒名顶替者心态。你也可能会注意到，某些评价会使自己产生无能感，比如建设性的反馈意见。找到自己的触发因素，将帮助你理解自己的冒名顶替者心态从何而来，并找到更加有效的方法来清除消极的自我对话。让冒名顶替者的声音安静下来，是建立强大自信的重要一步。

> **接纳自己历程的安东尼奥**
>
> 在成长过程中，安东尼奥一直觉得自己是个冒名顶替者。家人教导他要有"男子气概"，父亲鼓励他在各个方面都发挥出更大的主导作用。父亲经常批评他"不够男人"，要求他的穿着、说话和行为都要符合男性气质。父亲嘲笑他的彩色衬衫，并告诉他要"爷们儿起来"，穿深色衣服。他甚至会批评安东尼奥在体育运动中的表现，要求他在足球队和棒球队中表现出更强的侵略性。安东尼奥一直很抗拒，他只想做自己，但父亲的批评和蔑视，使他觉得自己不够男人，是一个不合格的人，是家庭的耻辱。
>
> 安东尼奥注意到，当父亲批评他时，他的自卑感就会加剧。而在家庭之外，安东尼奥对自己的认识则完全不同。他觉得自己在大学里游刃有余，有一群好朋友，大家都很喜欢他。他觉得没有必要为了让别人开心而去刻意培养"男子气概"。安东尼奥意识到，父亲在家里对他施加的"男子汉"压力触发了他消极的自我对话。意识到这一点后，当父亲再批评他时，安东尼奥会提醒自己：男人有很多种，自己已经足够优秀了。渐渐地，安东尼奥开始清除冒名顶替者的声音，培养更强大的自我接纳能力。

触发因素是什么？如何改变对触发因素的反应

"触发"一词或"被触发"的概念往往带有负面含义。如果可以的话，没有人愿意被触发。人们渴望从冒名顶替者心态中解脱出来，这是可以理解的，但被触发了也没关系。遇到令自己不快的事情，从而触发情绪，这是人类的本能反应。一些事情可能会使你联想起创伤或高度紧张的经历，它们也会触发你的情绪。

虽然被触发的感觉令人不快，但它为你提供了一条有力的线索，即告诉你什么情况会使你感觉不适。在此基础上，你可以更有效地应对冒名顶替综合征。每个人的触发因素都是独一无二的，了解它们可以帮助你找到带来痛苦和消极自我对话的潜在因素。

在安东尼奥的故事中，他意识到是父亲的批评触发了他的消极自我对话。事实上，安东尼奥的某些消极自我对话信息与父亲的评价非常相近，其他消极的自我对话信息则包含了他多年来对自己的解读。安东尼奥一直认为，他不是一个强悍的男人。随着对自己的探索，安东尼奥逐渐找到了他的触发因素，他开始学习如何控制这些触发因素，无论是作为一个人还是一个男人，他都能真实地做自己，并接纳自己。

放松身心，保持专注

被触发的感觉可能是一种强烈的体验。我们也许会感到恐慌和恐惧，就像一面墙正在向自己逼近。我们也可能会感到非常无助和愤怒，而且被触发的感觉往往是在没有任何事先警告的情况下瞬间出现的。在一开始，你可以放松身心，专注于触发时刻所出现的感觉，这可能十分困难，但它有助于你获得有价值的信息，帮助你回顾被触发之前、被触发之时与被触发之后所发生的事情。

回忆你最近一次被触发的经历，然后像一个好奇的观察者一样，后退一步，写下那段经历发生之前、发生之时和发生之后发生的事情。

_____

_____

_____

_____

_____

_____

_____

小测验：被触发的程度

回顾最近两周的经历，思考自己的感受如何。在下面的表述前填写"是"或"否"。

- ☐ 我很容易被激怒。
- ☐ 每天的任务令我难以承受。
- ☐ 我对别人感到怀疑或不信任。
- ☐ 我会反复做噩梦。
- ☐ 我感到缺乏控制感。
- ☐ 我经常感到自己很无能且毫无价值。
- ☐ 我很容易因某些声音、气味、口味或感受而紧张。
- ☐ 我会避开特定的人/地点/事物。
- ☐ 我感到比平时更加焦虑和恐惧。
- ☐ 我经常感到不安全。
- ☐ 我有睡眠障碍（例如失眠或嗜睡）。
- ☐ 我经常沉思和担忧。

评分： 数一数你填写了几个"是"。参考下面的评分指南。

0~3：你可能偶尔会在某些情况下感到紧张，但你似乎可以控制得很好。请继续保持！

4~7：你在各种情况下被触发的程度为中等。请继续阅读本书，进一步了解如何控制触发因素，并进一步认可自己。

8~12：你会感到自己被强烈地触发，这种被触发的感觉可能已经影响到了你的日常生活。请继续阅读本书，学习如何控制触发因素，从而找回内心的平和。

过去和现在

触发因素会使我们回想起过去的一段痛苦经历,或者是一系列不愉快的经历。受到其他人的批评时,我们可能会感到焦虑和羞愧,因为它使我们想起父母、上司或另一半会如何评价并责备我们。我们会产生与先前相同的感受,因为当前的触发时刻与过去的经历有相似之处。意识到这一点后,你可以学习如何更好地控制触发因素,从而获得内心的平静。

当前的触发因素可能来自过去的哪些经历?

_____
_____
_____
_____
_____
_____

被触发时,如何使自己回到现实?

_____
_____
_____
_____
_____
_____

> **有时我需要幼年时期所具有的那种关怀。**
> **当时我得到了关爱,**
> **现在我也应该得到同样的关爱。**

给小时候的自己写一封信

当你感到被触发时，就如同小时候的你再次出现。你可能会感到恐惧、受伤或无助，感觉自己又回到了小时候。没关系，这只能说明，过去经历的伤痛需要得到关注和治愈。想一想你受到最严重影响的时候是几岁，想一想当时的自己是什么样子。你对自己有什么样的认识？为什么会产生这种认识？哪些东西是你需要从父母、养育者或其他人那里得到，实际却没有得到的？思考这些问题的答案，使用以下模板给小时候的自己写一封信。

亲爱的_____岁的自己：

我知道你正因所发生的事情而痛苦，你不希望未来再经历这样的伤痛。我知道你需要爱与关怀，而有些时候，你无法通过你所需要的方式得到这一切。那么就让我来照顾你吧。我希望你知道_____

_____

_____

_____。你值得被爱、被关心，因为_____

_____

_____

_____。你已经做得足够好，因为_____

_____

_____

_____。

你没有错，你只是一个小孩子，而且你需要_____

_____

_____

_____

_____，可你却没有得到。我可以通过_____

_____

_____，给予你所需要的东西。我会始终爱你，关心你，为你提供安全感，为此我会_____

_____

_____。

找到自己的避难所

触发因素可能会让人不知所措，使你丧失安全感并感到无助。人们天生渴望安全感，如果失去了安全感，你会感到恐慌。在恐慌的时刻，善待自己、接纳并照顾自己可以帮助你在触发时刻恢复安全感。如果你能重新建立安全感并立足现实，那么你将拥有更强大的韧性来应对未来的触发时刻。

当你感到被触发时，如何向自己表示同情和关心？

_____

_____

_____

_____

_____

_____

_____

_____

_____

_____

_____

_____

立足现实，回归平静

让我来帮助你创造内心的平静。立足现实，你需要与真实的自己建立联系，并且保持清醒和平衡。只有立足当下，你才能控制由触发因素所引发的不安情绪。下一次当你感到被触发的时候，可以尝试这个回到现实的练习。

1. 先花一些时间判断你被触发的程度，等级从 1 到 10，其中 1 级为轻度触发，10 级为高度触发。在"应对记录表"中记下你的等级（详见 P62）。
2. 环顾四周，注意周围的环境。
3. 大声说出或在脑海中描绘出你所看到、听到、闻到和感觉到的东西。
4. 选取一个你看到、听到、闻到或感觉到的东西。现在把你的意识带到对它的感觉上，将注意力集中于它，并且保持 1 分钟。
5. 现在再判断你的触发程度，在"应对记录表"中记下你最终所处的等级。

表达自己

为了理解你被触发时的感受和想法，创造性地表达这些感受和想法是非常有帮助的。你可以在一张纸上、绘图应用程序或电脑上，利用图片、形状、单词或短语来记录被触发时的感受和想法。你也可以使用杂志剪报/或其他方式来表达你的感受，如绘画或素描。

在进行这样的活动时，你需要注意自己的感受。也许你会感到焦虑和不知所措，没有关系，你只需要去观察这些感觉，不要做评价。之后，再次留意自己的感受。也许这些感受对你的影响在减小，或者你对自己的触发因素有更清晰的认识。只需带着好奇心去观察。有时候，我们需要的只是一些可以自由表达自己的空间。

通过自我同情来回应

触发时刻可能会使你产生某种情绪，让你以某种方式去思考和行动。这些反应往往源自恐惧和担忧。深入了解你对触发因素的反应，可以帮助你学会积极地去回应，而不是做出下意识的反应。通过回应触发因素，你会获得更加强烈的掌控感，同时了解如何在这些时刻充分满足自己的需求。

例：

- 触发因素：我的另一半<u>批评了我</u>（触发因素），希望我能更加认真地倾听，这使我感到很<u>难过</u>（感觉）。
- 反应：我的反应是对<u>另一半大喊大叫</u>（反应），并告诉对方他在羞辱我。我的反应让对方感到难过，<u>他无法理解我的感受</u>（结果）。
- 回应：我注意到了自己沮丧的情绪，在脑海中承认了这一点，并询问另一半，我的哪些表现让他认为我没有认真倾听。我也可以告诉对方，我需要得到一些肯定，确认自己仍然是一个合格的另一半。如果我忍不住，只想直接凭本能做出反应，那我也可以告诉对方，我需要一点时间，然后走开。

对触发因素的反应

- 当发生＿＿＿＿＿＿（触发因素）时，我感到＿＿＿＿＿＿（感受）。
- 当发生＿＿＿＿＿＿＿＿（触发情况）时，我开始想＿＿＿＿＿＿＿＿＿＿（消极的自我对话）。
- 在这种情况下，我的消极自我对话出现，我倾向于＿＿＿＿＿＿＿＿＿＿＿＿＿＿＿＿＿＿＿＿（行为或反应）。
- 结果，＿＿＿＿＿＿＿＿＿＿（结果）。

回应触发因素

- 继续前进，当我感到被触发时，我需要通过＿＿＿＿＿＿＿＿（自我同情的行为）来关怀自己。
- 感到被触发是正常的，我的触发因素对我毫无意义，它只是我的一段经历。当我下一次被触发时，我会温柔地关心自己，告诉自己：＿＿＿＿＿

_____（积极的肯定）。

关注羞耻感

感到被触发的时候，你可能会指责自己并且产生羞耻感。尽管自责和羞耻很常见，但当你被触发时，它们会使你的困境进一步恶化，并且加剧你的恐慌。带着好奇而不是防御的心态，关注羞耻感和那些指责自己的声音，为自己创造一个自我同情的空间，将帮助你重新振作起来。

在你的内心中，羞耻和责备的声音说了什么？

_____
_____
_____
_____

怎样为自我同情创造更多的空间？

_____
_____
_____
_____
_____

> **以好奇的心态来观察羞耻感，
> 可以减轻自己的负担。
> 然后我可以更加坦然地展示自己的不完美。**

自我同情呼吸法

出现冒名顶替者的感觉和心态时，你可能会采取不同的应对方法，比如过度工作、保密和逃避。尽管这些应对工具在短期内似乎有所帮助，但从长远来看，它们会加剧消极的自我对话。自我同情是一种健康的应对工具，当你感到被触发时，它可以帮助你控制冒名顶替者心态。

根据以下指导进行呼吸练习，它可以帮助你通过积极的肯定来进行自我同情。

1. 首先，找一个舒适的空间躺下或坐下，清除任何分心的事情。
2. 闭上眼睛，开始"3—2—3"呼吸练习。用鼻子吸气3秒，屏住呼吸2秒，用嘴巴呼气3秒。在整个练习过程中保持这种呼吸模式。
3. 经过2~3轮的呼吸练习之后，尝试向自己传达如下积极的肯定。每次呼气时，在脑海中重复这些肯定的话语：
   （1）我值得。
   （2）我已经足够好。
   （3）我相信自己。
   （4）我应该得到关爱。
   （5）我很安全。
4. 练习自我同情呼吸法并寻找内心的平静，在这个过程中，你也可以在上述列表中添加自己所用的积极肯定。

> 现在我感觉被触发，
> 这没关系。
> 我会专注于自己的感受以及自己此刻的需求。

爬出"兔子洞"[1]

被触发的感觉就像掉入了黑暗的"兔子洞",充满了无助与恐惧。你会感到自己似乎走投无路。要爬出"兔子洞"往往需要多种工具——这些工具会使你感到更加踏实、安全,赋予你战胜触发因素的力量。

下面将介绍几种工具,你可以自行选择,以便在下次被触发时能够爬出"兔子洞"。想一想每种工具可以在什么情况下使用。例如,在"兔子洞"的第一层,你可能需要远离他人,这样才会让你感到踏实。然后你会感到更加平静,并在第二层和第三层使用自我同情和维护自己的工具,最终爬出"兔子洞"。我建议你列出自己的工具,包括你可能会用到的工具和你已经使用的工具,它们将带给你更多的力量,帮助你去消除冒名顶替者声音。

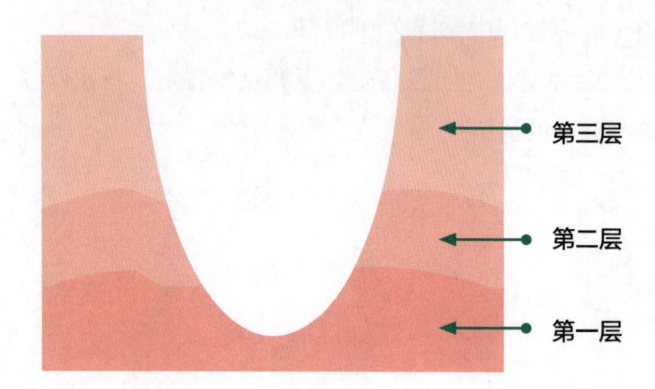

← 第三层

← 第二层

← 第一层

爬出"兔子洞"的工具

- 列出你看到的五件东西。
- 要求拥有一些空间。
- 向亲人宣泄情绪。
- 听舒缓的音乐。
- 进行积极的自我肯定。
- 表达自己的感受。
- 回想令你开心的地方。
- 练习深呼吸。
- 去散步。
- 请别人给自己一个拥抱。
- 提出自己的需求。

---

[1] "兔子洞"(rabbit hole)出自《爱丽丝梦游仙境》,比喻未知的、不确定的世界。——译者注

自爱玻璃瓶

下一次当你被触发并感到羞愧的时候，可以尝试用自爱和自我同情去回应它。将下面的玻璃瓶制作成一个"自爱"罐子，在里面装上你要对自己说的充满爱与关怀的话语。你可以使用下面列表中的示例，或者自己去思考适当的表述。想一想，当你的朋友或家人陷入自我苛责时，你会对他们说什么。每当你需要爱的提醒时，请回顾这个清单，你也可以用一个真的玻璃瓶，将这些自爱宣言装进去，然后放置在自己的房间里。

自爱宣言

- 我值得被爱。
- 我为世界增加了价值。
- 我的外表与内心都很美好。
- 我是一个善良的人。
- 我做到了！
- 我很勇敢。
- 我正在成长，正在治愈创伤，这为我带来了力量。

清除你的冒名顶替者声音

在这个练习中，你需要分辨自己曾经经历过的一些触发情况，以及随之出现的冒名顶替者原型。当你需要帮助又担心因此显得软弱的时候，内心是否会出现独行侠的声音？当你在工作中犯错的时候，是否会触发内心的天才或专家型冒名顶替者？也许你的另一半正感到失望，因此你内心的完美主义者让你认为自己将被抛弃，而超级英雄则告诉你，必须尽可能防止自己被抛弃。你可能已经找到了属于自己的冒名顶替者原型。

通过辨别在某些触发情况下出现的原型，你可以反思自己目前对消极自我对话的处理方式。有时，你的应对策略可能对自己不利，并使自己陷入永不满足的循环中。了解自己当前的应对方式，可以帮助你确定哪些应对策略更加有效，并能更好地关爱自己。

触发情况	原型	原型的消极自我对话	所用应对策略	自我同情策略
例： 我在工作中犯了一个错误	完美主义者	你是一个失败者。你很无能。你很快就要被开除了	过度工作——确认自己不会再有纰漏	告诉自己，不完美也没关系。我可以从错误中吸取经验教训，从而在下一个项目中表现得更好

续表

触发情况	原型	原型的消极自我对话	所用应对策略	自我同情策略

应对记录

在前面的练习中,你一直在学习如何放松身体、情绪、精神。在触发时刻让自己回到现实,可以帮助你控制不愉快的情绪。

下表也是一个有用的工具,可用于记录不同的立足现实的方法对维持内心平静的效果。这个表格可以帮你了解哪些工具最适合自己,因为每个人的需求不同,因此所用的工具也不一样。如果你发现一个工具未必能帮助你改善自己的情绪,那也没关系。你可以反复尝试这个练习,直至掌握要领,或者尝试使用不同的工具。

时间	立足现实的练习	练习前的触发程度	练习后的触发程度	针对下一次练习的备注
例: 星期一下午 17:30	深呼吸练习	7.5	3	找一个更加安静的地方进行练习

要点总结

在本章中，我们探讨了确定触发因素的重要性，触发因素会导致我们产生消极的自我对话和冒名顶替者心态。让我们面对现实：被触发是一种痛苦的体验，有时我们会感到难以控制触发因素。但只有进一步认识了触发消极自我对话的因素，才能理解冒名顶替者心态产生的原因。它也可以帮助你更好地控制触发因素，从而提升自信与安全感。本章的要点包括：

- 当面对令自己感到不快或给自己造成强烈压力或痛苦的情况，被触发是一种正常的反应。
- 每个人都有自己的触发因素，这些因素会导致冒名顶替者心态和想法。
- 更加清晰地了解自己的触发因素，可以帮助你应对触发情况，而不是对触发情况做出本能反应。
- 立足现实的练习和自我同情策略，可以帮助你更好地控制自己的触发因素。

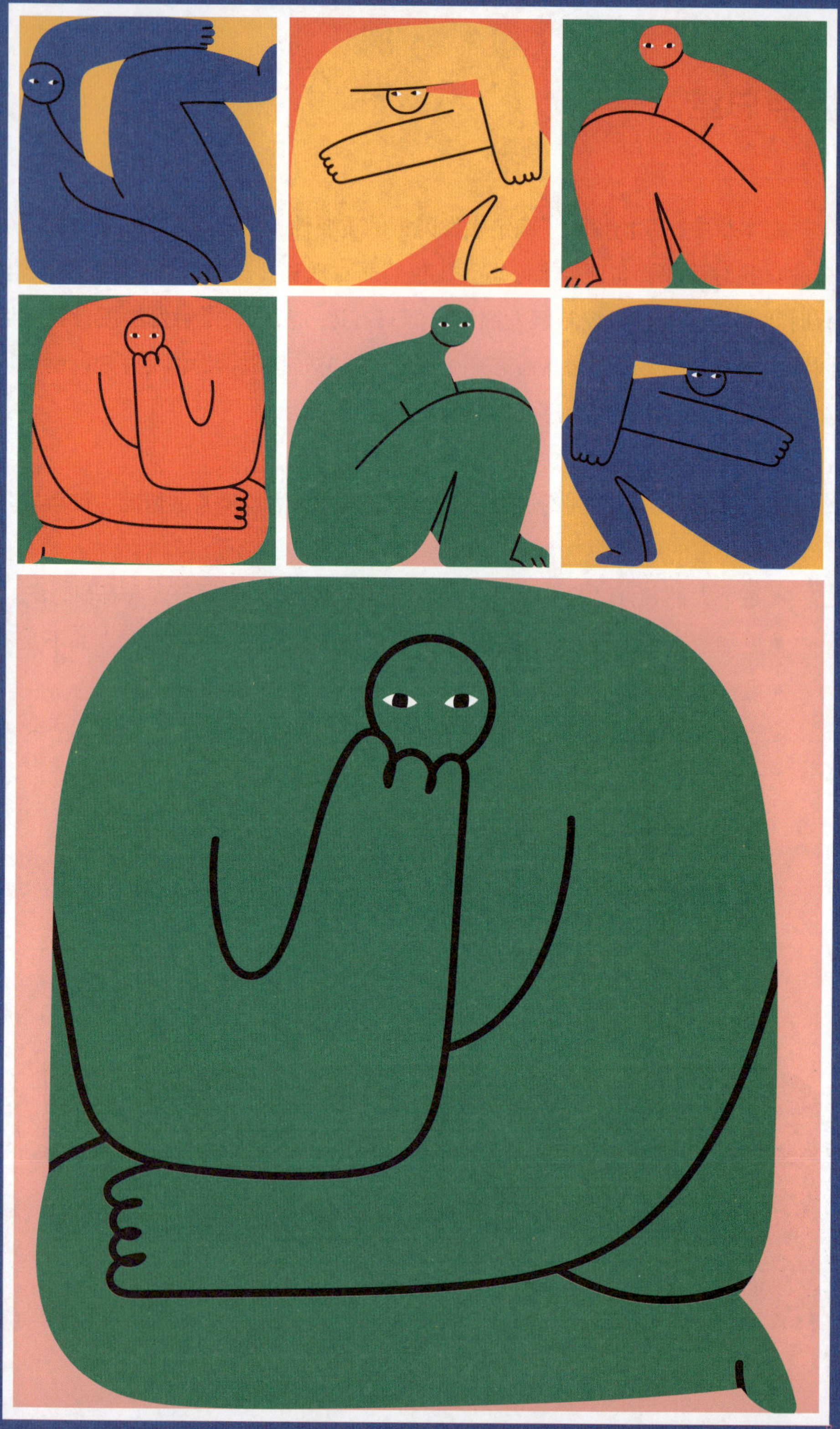

第六章

接纳自己的脆弱

作家、演讲家布琳·布朗（Brené Brown）认为，脆弱是一种敢于"展现内心并让别人看见自己"以及"表达自己需求"的勇气。脆弱也意味着你了解自己的感受，并且愿意表达自己的感受。在感到脆弱的时候，我们允许自己接纳生活中愉快的和痛苦的情绪，将它们视为人生的一部分。在本章中，我们将探讨脆弱对摆脱冒名顶替者声音和心态的重要作用。冒名顶替综合征会使你惧怕做真实的自己，不敢脱下面具直面这个世界。你对自己感到不满，我很理解由此产生的痛苦。我也知道，如果你能从冒名顶替者心态中解脱出来，并接纳了不起的自己，那么你将如释重负。你值得被看见。

接纳脆弱历程的阿丽亚娜

阿丽亚娜的父母在年轻时移民来到美国。小时候，阿丽亚娜梦想去艺术学校，环游世界，并从事创意类的工作。然而，父母给她设定的人生目标却截然不同，他们希望阿丽亚娜拥有一个成功的人生，对他们来说，这意味着获得博士学位，与同阶层的男人结婚生子。但阿丽亚娜自己并不想要这些东西。

尽管阿丽亚娜有自己的愿望，但她还是努力让父母感到骄傲，攻读博士学位，尝试与父母认可的男人交往。毕竟，她的父母背井离乡来到美国，渴望实现美国梦，阿丽亚娜不想让他们失望。有几次，阿丽亚娜想向父母表达自己在生活中的不满，但最后她还是将自己的感受隐藏起来。她不想让父母失望。

为了安抚父母，她不得不放弃自己想要的生活，这让她感到痛苦。终于有一天，阿丽亚娜再也无法忍受谎言中的生活，她决定和父母谈谈。她告诉父母，自己的梦想并不是获得博士学位，然后与他们满意的男人结婚。她想追求艺术，并找一个自己所爱的男人。她的父母感到伤心和失望。尽管展现脆弱是一个可怕的过程，但阿丽亚娜感到如释重负。从那天起，她开始追求自己的梦想，沿着她为自己选择的道路前行。

脆弱的重要性

阿丽亚娜的故事表明，人们总是害怕承认自己的脆弱，也不敢向那些我们试图取悦的人分享自己的感受。承认脆弱不仅意味着接纳生活中快乐的体验和经历，还意味着接纳那些令人不快和混乱的部分。针对冒名顶替综合征，这一切意味着什么？它意味着：展现脆弱能帮助你跳出"努力使自己足够好"的无限循环。承认脆弱可以让你摘下冒名顶替综合征给你戴上的面具，使你展现真实的自己。

到目前为止，我们一直在探索冒名顶替综合征是如何影响你的感受、思考和行动的。你已经思考过冒名顶替综合征如何让你隐藏自己的不完美和局限性，但你可能不知道，在整本书中，你其实一直在练习如何展现脆弱。你勇敢地反省了冒名顶替者的心态与信息。你一直在反思和分享你的恐惧，并进行自我同情。只有承认脆弱，你才能克服对自己"不够好"的恐惧，并坦然接受自己的成就。

在本章中，我们将继续帮助你展现脆弱，从而进一步抑制冒名顶替者的声音，全面地展示真实的自己。在本节的活动中，你会继续学习如何在生活的各个方面展现脆弱，这些练习可以帮助你为自己创造更多的空间。

展现脆弱

我们的人生之旅既有美好又有混乱。我们体验快乐，也会经历痛苦，有时我们需要别人伸出援手，或者需要一个肩膀来依靠。人生之路就是温柔地接纳自己的过程，有时候这的确不容易。如果让别人看到真实的自己，那么你可能会担心遭到批评或拒绝。只有接纳人生之路上的快乐与痛苦，才能消除冒名顶替者的声音，更加自由地做自己。

思考展现脆弱的不同方式。你的方式可能是向别人表达自己的感受，或者坦然地在另一半面前犯傻。目前你在生活中会通过哪些方式来展现脆弱？

_____
_____
_____
_____
_____
_____
_____

意识到自己的恐惧

要接纳自己的脆弱，这可能会让你感到十分困难甚至害怕。不敢展示真实的自己，害怕遭到拒绝或批评，这是人们的普遍心态，患有冒名顶替综合征的人更是如此。虽然恐惧是人之所以为人的要素之一，但它有时会使我们无法真实地生活。只有先了解哪些恐惧会阻碍你接纳脆弱，然后你才能去克服它们。

回想自己难以展现脆弱的时候。为什么你不敢展现脆弱？

_____
_____
_____
_____
_____
_____
_____
_____

我有多脆弱

我们在这里列出了展现脆弱的四种主要方法。这项练习可以帮助你发现自己已经使用的展现脆弱的方法，它也可以让你看到自己需要进一步关注的方面（如果你很难想到相关例子的话）。继续尝试本书提供的活动，进一步展现脆弱。

真实意味着忠于自己，包括你的价值与信念。例如：接纳自己的不完美，遵从自己的价值观去生活。写下近期你所经历的两到三个体现了"真实"的事件。

1. _____
_____
_____
_____

2. _____

_____

3. _____

_____

_____

接纳情绪意味着接受自己的感受，无论是愉快的情绪还是不愉快的情绪。接纳情绪的方法是不加评判地承认自己的感受，为有需要的人提供帮助，接纳所有的情绪。写下近期你所经历的两到三个有关接纳情绪的事件。

1. _____

_____

_____

2. _____

_____

_____

3. _____

_____

_____

表达情绪是指向信任的人表达自己的感受，你可以向他们寻求支持，以此来逐渐消除冒名顶替者的声音。例如：分享你引以为豪的成就，或者坦白你与另一半的争执。写下近期你所经历的两到三个有关表达情绪的事件。

1. _____
   _____
   _____

2. _____
   _____
   _____

3. _____
   _____
   _____

维护自己是指表达自己的需求，从而寻求支持与帮助。维护自己可以帮助你不加评判地意识到自己的局限性，然后向他人提出自己的需求，或者坦然地拒绝他人。写下近期你所经历的两到三个有关维护自己的事件。

1. _____
   _____
   _____

2. _____
   _____
   _____

3. _____
_____
_____
_____

你的恐惧源于什么

害怕展现脆弱,这往往源于早年的生活经历。你可能会害怕过去重现,再次遭受同样的伤害或失望。恐惧告诉你"待在原地,安全行事",这样你就不用为自己的无能或失败而苦恼。意识到恐惧的来源可以帮助你培养战胜恐惧的勇气。

哪些早年的生活经历导致了你害怕展现脆弱?

_____
_____
_____
_____
_____
_____
_____
_____

> 只有摆脱对过去重现的恐惧,
> 才能体会到当下的快乐与平静。
> 我有勇气战胜自己的恐惧。

培养战胜恐惧的勇气

人人都会恐惧。过去我从不与朋友分享自己的感受，也从不表达自己的需求，因为我怕他们会离我而去或者感到心烦。承认了这种恐惧心理后，我获得了克服它的力量。一个重要的原因在于，这种恐惧并没有让我与朋友的相处变得更加快乐。当你不再受恐惧的支配，你就可以更加真实地面对这个世界。这个写作练习将引导你更加深入地反思自己的两到三种恐惧心理，它们针对生活的某一个或某几个方面。你也可以思考，在面对每一种恐惧时，你可以通过哪种方式更好地接纳自己的脆弱。

例：如果我坦率地向约会对象表达我对他的好感，我担心自己会遭到拒绝。因此，我从不向朋友表达自己的感受。通过提醒自己：恐惧很正常，即使被拒绝也没关系，从而接纳自己的脆弱。

恐惧 1：

如果_____，我担心_____。

因此_____。

我可以通过提醒自己：_____，从而接纳自己的脆弱。

恐惧 2：

如果_____，我担心_____。

因此_____。

我可以通过提醒自己：_____，从而接纳自己的脆弱。

恐惧 3：

如果_____，我担心_____。

因此_____。

我可以通过提醒自己：_____，从而接纳自己的脆弱。

我是……

展现脆弱就是展现真实的自己。这种真实包含很多方面，例如你最重视的东西，你的爱好与兴趣，你的激情所在，你在人际关系中的表现，你喜欢的东西，你不喜欢的东西，你的感受、恐惧、爱与渴望，以及你的优势、缺陷和你所面临的挑战，这些都是你需要治愈和转变的地方。找一张纸、一个画图应用程序或者电脑，画一幅自画像。你可以使用绘图与着色工具、杂志剪报、不同的颜色和图片、句子或词语等任何你喜欢的东西，创作一幅图画。尽可能发挥创意，这幅画没有对错之分。

展现真实的自己

当生活中的某些事情进展得不顺利时，我们很容易陷入困境。你可能会频繁地回想自己的脆弱时刻，并对自己感到不满。脆弱和被忽视的感觉很痛苦，仿佛你是一个无关紧要的人。我也有过这样的经历。同时，回顾那些一帆风顺的经历也很重要。承认脆弱，向世界展现真实的自己，你会发现这种感觉很棒。回忆这样的时刻，能够激励你创造更多这样的时刻。

回想你展现脆弱且事情进展顺利的一次经历。你如何展现自己的脆弱？之后你感觉如何？

_____

_____

_____

_____

_____

_____

进一步展现脆弱

你可以在任何方面展现脆弱——工作、学习、社交、人际关系、家庭等。例如，当你为完成了学校任务而感到无比兴奋的时候，你可以与他人分享自己的成就，并借此展现自己的脆弱。在与某个人第一次约会时，向对方表达自己对约会的恐惧，也可以展现脆弱。在这个练习中，你需要思考如何通过"真实、接纳情绪和表达情绪，以及维护自己"来进一步展现脆弱。

回答下面的问题。当你下一次遇到类似需要展现脆弱的情况，可以参考这个列表。

当我需要帮助或者我有需求的时候，我可以通过下列方式来展现脆弱：
_____
_____

当我感到不快（例如难过、愤怒、愧疚）时，我可以通过下列方式来展现脆弱：
_____
_____

当我感到愉快（例如快乐、兴奋）时，我可以通过下列方式来展现脆弱：
_____
_____

当我感到害怕时，我可以通过下列方式来展现脆弱：
_____
_____

当我发现恐惧阻碍了我展示真实的自己时，我可以通过下列方式来展现脆弱：
_____
_____

勇敢做自己

在这个练习中,你需要探索如何通过四种方式来展现脆弱。想一想哪几种方式对你而言十分困难。思考每一种脆弱的类型,找到阻碍你展现脆弱的恐惧,然后你就可以通过整合"勇气信息"来克服这些恐惧。当恐惧再次出现时,这个"勇气信息"可以用来代替"恐惧信息"。通过这种方法,你可以更加全面地接纳自己的脆弱与真实。

脆弱的类型	展现脆弱	恐惧信息	勇气信息
例: 表达情绪	向另一半表达我的难过情绪	如果我表达了自己的感受,我的另一半就会认为我很无能	我应当表达自己的感受,但这么做需要勇气
真实			
接纳情绪			
表达情绪			
维护自己			

第六章 接纳自己的脆弱

> 我可以接纳真实的自己，
> 即使这样做曾让我感到不安。
> 我值得被看见。

让情绪飘过

让我们诚实一点：不快的情绪使人痛苦。如果可以选择，那么我们可能都会选择永远无忧无虑，尤其要避免焦虑、难过和羞愧等情绪。但逃避伤痛并不能解决问题，它只会使痛苦不断叠加，导致你无法体验正面的情绪。不快的感觉难以避免，它是人的一部分。创造更多的空间，去关注和接纳在特定时刻的感受，然后让这些情绪飘过，这样一来，你就可以腾出空间来感受生活中的快乐与满足。

1. 关注你在某个时刻产生的不快情绪，例如恐惧、愧疚、难过或失望。
2. 反思引发这种情绪的原因。例如，你可能会因需要他人帮助而感到羞愧。
3. 在心中大声对自己说：
   （1）因为[触发情况]，我感受到了[这种情绪]。
   （2）我留意并接纳自己的感受，我不需要改变自己的感受。
   （3）这种感受不会定义我，它很快就会从我的身边飘过。

展示自己

展示自己可能令人恐惧，特别是当冒名顶替者声音出现的时候。冒名顶替者声音可能会说"你会受伤""你太过分了""没有人会爱你"。然后你就会认为，如果向世界展示真实的自己，你就会出洋相。我知道那种感觉，你必须隐藏那些让你成为你自己的部分，借此进行自我保护。我也知道，展现真实的自己并被自己最看重的人接纳，可以使你感到轻松与满足。学会更加全面地展示自己，即使只是在一两个你信任的人面前,这样也可以让自己摆脱冒名顶替者的声音,获得满足感。

下面是一幅海滩的画面,花一点时间去思考这些被冲上海滩的贝壳上的问题。如果你能向另一个人展示自己的一部分,你希望让对方了解什么?要暴露这一部分,你最担心的事情是什么?分享可以让你产生哪些正面的情绪?尽管这是一项思考练习,但你也可以与信任的人一起练习。

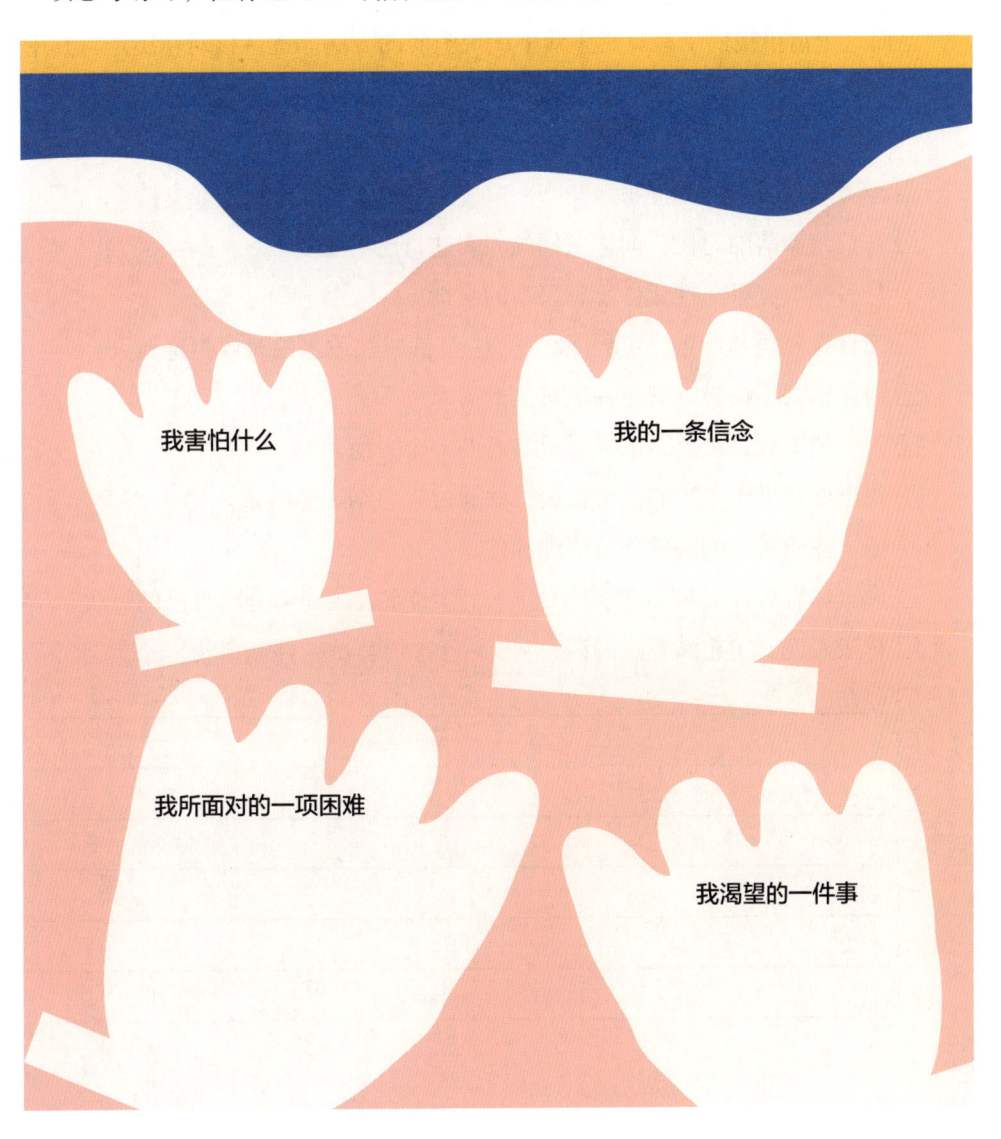

我害怕什么

我的一条信念

我所面对的一项困难

我渴望的一件事

> **为需求和渴望腾出空间，这需要勇气。
> 我很重要。**

脆弱清单

下面这个清单提供了在日常生活中展现脆弱的方法。逐一核对你决定将其用于日常生活的项目。你还可以在下方提供的空白处添加自己的方法。

- ☐ 记下令你恐惧的一件事。
- ☐ 在工作中寻求帮助或支持。
- ☐ 在情绪低落的时候，向你信任的人表达自己的感受。
- ☐ 与另一半分享一件让你感到兴奋的事情。
- ☐ 为自我照顾和尊重设定界限。
- ☐ 练习在适当的时候拒绝他人。
- ☐ 当你感到不快时，满足一项自己的需求。
- ☐ 大声说出或在纸上写下你看重自己的一个方面。
- ☐ 找出你在工作中犯的一个错误，并通过它总结经验教训。
- ☐ 记下你所秉持的两三条价值观和信念。
- ☐ 说出你喜欢什么和不喜欢什么。
- ☐ 与亲人或同事分享自己的想法。
- ☐ 对亲人说一句充满爱意的话。
- ☐ 本周尝试一件新事物。
- ☐ _____
- ☐ _____
- ☐ _____
- ☐ _____
- ☐ _____
- ☐ _____
- ☐ _____

沟通是关键：从"你"到"我"

说出自己的感受和需求，有时会让人感到害怕。例如，你可能担心另一半会忽视你的感受，或者说你反应过度。学会表达自己的感受，你会为自己创造更多的空间。这样一来，你就不再需要通过过度工作、精疲力竭和保密等方法来解决冒名顶替综合征问题。

用来表达自己的工具之一，是以第一人称"我"为主语进行陈述。我们可能会习惯性地说"你总是忘记洗碗"，"你不关心我"，或者"你从来不听我讲话"。这些用"你"作主语的表述会让对方采取防御姿态。你可以将主语转变为第一人称"我"，表达你对他人行为的感受，而不是指责。这种转变会让对方更愿意倾听你的声音。不要害怕展现脆弱，让我们来尝试练习一下。

例：当我情绪低落时，如果你试图"解决"我的问题，我会感到沮丧和难过。你想让我高兴起来，对此我非常感激。但我需要你倾听并接纳我的感受。你能满足我的这个需求吗？

我感到：
_____
_____
_____

当：
_____
_____
_____

我很感激：
_____
_____
_____

我需要：
_____
_____
_____

第六章 接纳自己的脆弱

脆弱日历

在"我有多脆弱？"活动中，你需要回顾在过去一个月里自己展现脆弱的频率。你可能会注意到自己在有些地方需要改进，这没关系。在这个练习中，你可以选择一种或多种展现脆弱的方式，并且每天进行练习。多关注那些在实践中遇到困难的方式。下面的日历包含了对每种方式的针对性建议。在空白处填写你展现脆弱的其他方式，或者你目前所用的方式。

脆弱类型	真实	接纳情绪	表达情绪	维护自己
星期一	与别人分享一件关于你自己的事情			
星期二				就某事向朋友或同事寻求帮助
星期三		关注自己的情绪（见上文）		

续表

脆弱类型	真实	接纳情绪	表达情绪	维护自己
星期四			与亲人分享自己不快的感受	
星期五	写下一件你喜欢的事			
星期六		感觉更加踏实（见上文）		向另一半提出你的一项需求
星期日		进行自我同情（见上文）	对亲人说一些充满爱意的话	

要点总结

冒名顶替综合征使人不敢展示真实的自己，害怕别人看到自己的缺陷。本章探讨了承认脆弱的重要性。只有向世界展示完整的自己，你才能摘下面具，发挥自己的才能。让我们回顾一下本章的要点：

- 真实、接纳情绪、表达情绪和维护自己，是展现脆弱的四个主要方式。
- 如果你能进一步展现脆弱，就可以进一步消除冒名顶替者的声音与摆脱冒名顶替者的心态。
- 害怕展现脆弱可能源于早年的生活经历。
- 通过自我同情来应对恐惧，这对日常生活中接纳自己的脆弱与真实至关重要。
- 有很多方法可以帮助你在生活的各个方面展现脆弱。请记住，你值得被看见。

83

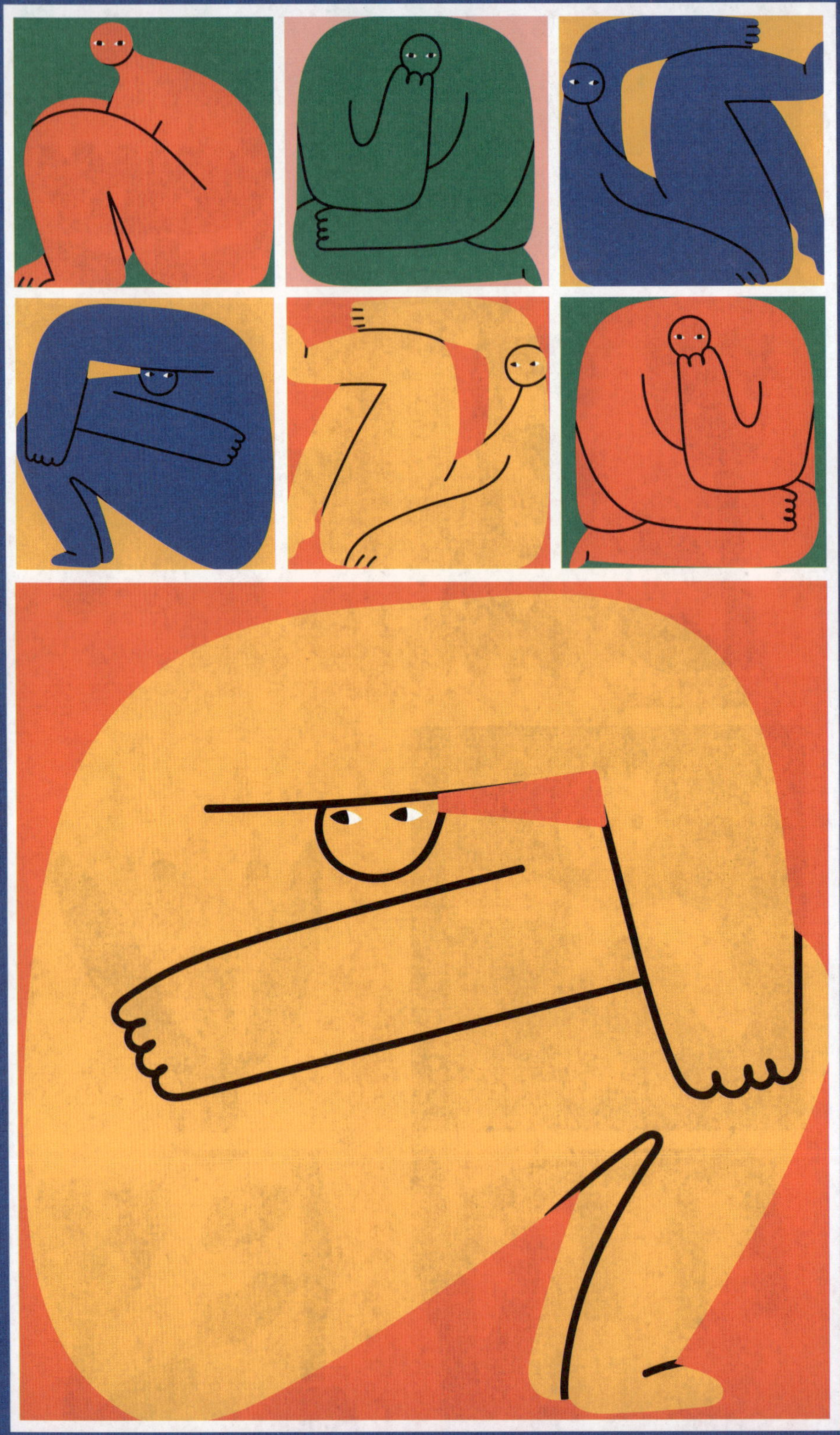

第七章

用自我意识应对挫折

失败是生活的一部分，无论是忘记安排朋友的生日庆祝会，还是在年度工作考核中遭到批评。犯错或失败会给人带来复杂的感受，例如焦虑、压力、挫败和愧疚。如果你正在与冒名顶替综合征做斗争，那么你可能常常因失败而焦虑。你可能会发现，害怕失败会加剧你的消极自我对话。在本章中，我们将探讨对失败的恐惧与冒名顶替综合征的关系。我们也将思考如何从失败中吸取经验教训，提升个人技能，获得个人与专业上的成长。

克服失败恐惧历程的凯尔

凯尔的父母给凯尔施加了极大的压力，他们希望他成为一名成功的工程师或医生，然后组建一个幸福的家庭。如果不能实现这样的期望，他们就会不满。此外，无论凯尔犯了多么微小的错误，都会遭到批评和指责，例如忘记带午餐盒、成绩平平、长得不够帅等，似乎他所做的一切都不够好，这让凯尔感到羞愧，他认为自己十分愚蠢。

因此，在成长过程中，凯尔一直非常害怕失败。他尽自己所能地去避免犯错和遇到挫折，即使成年后也是如此。为了保住工作，他总是最后一个下班。凯尔每天都要健身，因为他担心自己的另一半会爱上更有吸引力的男人，然后离他而去。凯尔的生活被各种活动和聚会塞得满满当当，因为他要照顾到每个人和每件事。他感到精疲力竭，情绪低落。为了避免失败，凯尔消耗了大量的能量，最终影响了他的亲密关系，他的另一半离开了他。那时，凯尔跌入了谷底。

但是，这段被凯尔视为失败的关系却成了改变的催化剂。灰心丧气的凯尔向一位朋友求助，朋友帮助他重新振作了起来，并邀请他加入自己正在参加的抑郁症支持小组。凯尔感到自己不再是孤军奋战，他开始用一种全新的方式去重新找回自己。他从这段失败的感情经历中获得了成长，明白了在下一段关系中自己需要做什么，并得到什么。凯尔开始克服对失败的恐惧，并最终在没有恐惧的压力下拥抱了生活中的更多机会。

用自我意识去应对批评或失败

如果你正在与冒名顶替综合征做斗争，那么你一定很熟悉那种担心"暴露"自己是个冒名顶替者的恐惧。失败或犯错的可能性令人心生畏惧，因为你非常害怕被别人视作能力不足和不够完美的人。这些消极的自我对话使你相信，不能犯错，不能有缺点。这些沉重的信息仿佛就是事实，它让人们认为，在挫折面前仍能认可自我价值是一件遥不可及的事情。我知道，面对这些负面信息，你很难认可自己的能力。但是，学会相信自己，这是摆脱冒名顶替综合征的关键。

即使面对错误、批评和不完美，仍然坚定地认可自己，这样才能为自己创造空间，将挫折变成进一步成长和学习的机会。没有人是完美的。错误会使你成长，让你变成更加真实的自己。这些时刻也能使你进一步了解自己，包括你的不完美，以及你在生活中的真实能力，既有优点也有局限性。例如，在工作中犯错，让我们学会了拒绝超出自身能力或职责的任务。如果我们说的一些话伤害了另一半，那么以后就要更加注意沟通方式。反思那些不完美的时刻，告诉自己你已经尽了最大努力，同时思考下次可以做出哪些改进，这样一来，你就能以好奇心和同情心来迎接挫折。

告别完美主义者

完美主义者无法从缺点中吸取教训，因为他们缺乏好奇心，也对自己缺乏同情，无法接纳自己的不完美。关注完美主义者的声音，然后你就可以创造更多空间，从错误中获得学习和成长，而不是沉溺于自责中。

当你犯错时，内心中的完美主义者会说什么？

_____

_____

_____

如何通过自我同情来应对自己所犯的错误？

_____

_____

_____

在错误中成长

通过自我同情来应对错误,可以帮助你从错误中吸取教训,获得成长,避免重复出错。要实现这个目的,我们可以利用四个不同的策略:自我宽恕、自爱、好奇与成长。

- **自我宽恕**是指放下内心的愧疚与悔恨,原谅犯错的自己。
- **自爱**是指即使面对他人的批评与自己的缺点,也要关心和爱护自己。
- **好奇**是指后退一步,不加评判地去思考自己遇到的挫折。
- **成长**是指从错误中吸取经验教训。

利用下表,思考并列出如何通过四种策略,以自我同情的方式来应对错误。在下一次犯错的时候,你可以参考这个练习,向自己表达关爱。

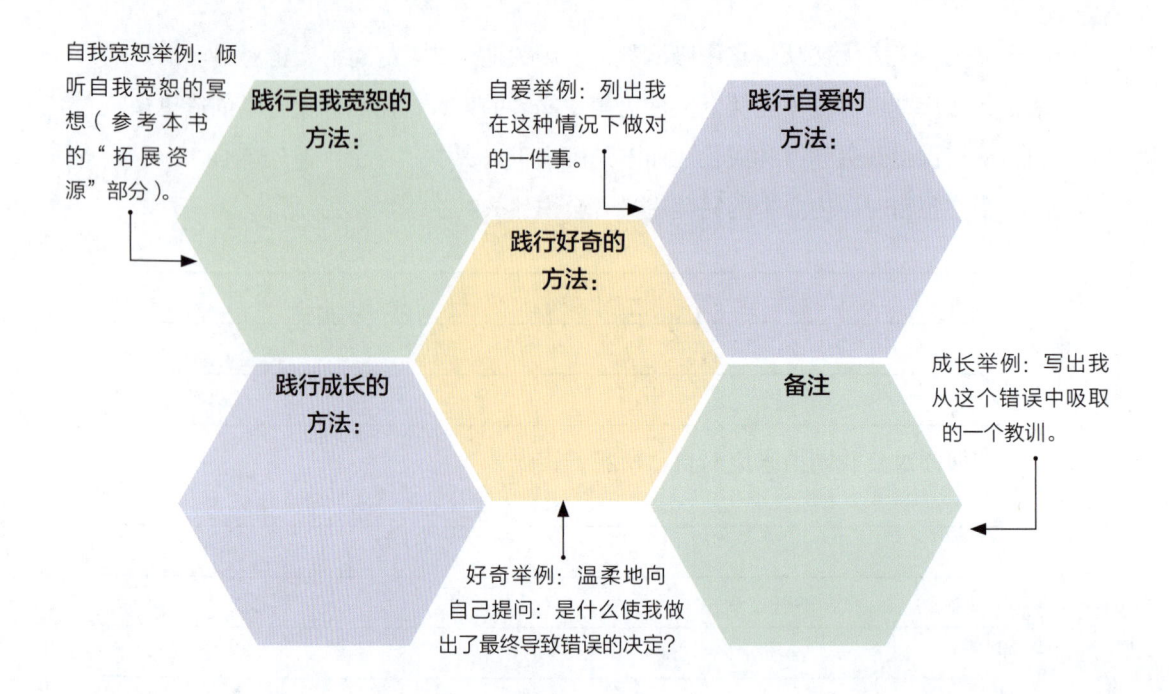

自我宽恕举例:倾听自我宽恕的冥想(参考本书的"拓展资源"部分)。

自爱举例:列出我在这种情况下做对的一件事。

成长举例:写出我从这个错误中吸取的一个教训。

好奇举例:温柔地向自己提问:是什么使我做出了最终导致错误的决定?

- 践行自我宽恕的方法:
- 践行自爱的方法:
- 践行好奇的方法:
- 践行成长的方法:
- 备注

如何应对挫折

应对挫折绝非易事。只有对自己表示同情，才能有效地消除那些阻碍你前进的消极自我对话。针对下面每一项描述，选择最符合你感受的数字。

0 = 从不，1 = 很少，2 = 有时，3 = 频繁，4 = 经常，5 = 总是

当我犯错、受到批评或遭遇失败的时候，我倾向于：

1. 感到无能和不满

0　　　　1　　　　2　　　　3　　　　4　　　　5

2. 认为自己软弱无能，是一个失败的人

0　　　　1　　　　2　　　　3　　　　4　　　　5

3. 感觉其他人会给予我负面评价

0　　　　1　　　　2　　　　3　　　　4　　　　5

4. 感到羞愧

0　　　　1　　　　2　　　　3　　　　4　　　　5

5. 与他人保持距离

0　　　　1　　　　2　　　　3　　　　4　　　　5

6. 避免尝试新事物

0　　　　1　　　　2　　　　3　　　　4　　　　5

7. 用消极的自我对话贬低自己

0　　　　1　　　　2　　　　3　　　　4　　　　5

8. 感觉自己是一个冒名顶替者

0　　　　1　　　　2　　　　3　　　　4　　　　5

9. 害怕犯错

0　　　　1　　　　2　　　　3　　　　4　　　　5

10. 感觉其他人都不喜欢我

0　　　　1　　　　2　　　　3　　　　4　　　　5

评分：你在哪些项目上的得分为 0、1、2？这表明你在这些方面可以通过自

我同情来应对错误。请继续保持。你在哪些项目上的得分为3、4、5？这表明你在这些方面出现了消极的自我对话。继续尝试本书中的练习，以自我同情来应对失败。

你的恐惧来源

你是否惧怕失败？无论是作为配偶、另一半、家庭成员、朋友、同事、学生，还是作为父母。在这方面，你并不孤单。冒名顶替综合征会使人们惧怕失败，不敢暴露真实的自己。你可能会发现，这些恐惧来自过去的经历。可能是在那个时候，父母因为你把麦片洒在厨房地板上而斥责你；可能是那次你的另一半因为你在这段关系中做得不够好，而对你感到失望，这让你产生了挫败感。在练习克服恐惧的同时，要找到恐惧的来源，因为这能使你对自己产生同情。

你对失败的恐惧来自哪里？

_____
_____
_____
_____
_____
_____
_____

> 当我放下恐惧时，我提醒自己，
> 虽然自己仍有缺陷且还会遇到挫折，
> 但我已经足够好。

以同情的心态看待缺点

我们会成为自己最严厉的批评者,将注意力放在所有出错的事情上,却忽视了自己所做的正确的事情。遇到挫折时,我们会将聚光灯打在它的身上,却忽视了更大的画面。比如:被一个所申请的研究生项目拒绝,这看起来是失败了,但不要忘了,敢于申请就证明你富有勇气,而且你可能已经被申请的另一个项目录取了。

反思被你视为缺陷或失败的事情。这个缺陷或失败积极的一面是什么?

_____
_____
_____
_____
_____

挑战塑造了你

由于各种各样的原因,你成了今天的你。教养、文化、社会,以及周围的人,共同塑造了你。而另一个能够塑造你的重要因素就是生活中的挑战、挫折和磨难。也许你有一个艰辛的童年,或者在高中时交了一群坏朋友。这可能是一段艰苦的旅程,但无论是哪种经历,你都必然克服了重重障碍。好在你可以通过这个过程更加深刻地了解自己,包括你所看重的东西、你的优势和缺陷。或许你还能学会如何成为更好的自己。学习、成长和进化的旅程永远没有尽头。

想一想你在生活中遇到的困难和挫折,并制作一幅拼贴画,展示你如何因过去的经历而成为当下的自己。你可以采用具体或抽象的方式,利用杂志剪报、彩色铅笔、颜料或其他材料。这个有趣的活动可以帮助你了解是哪些挑战塑造了今天的你。

坚定人生之路

人生是一段旅程，到处都有障碍和岔路口，你可能不确定该走哪条路。错误、挑战或与他人的比较，这些令人分心的事可能会让你质疑自己前进的道路。留意那些使你觉得自己是一个冒名顶替者，并让你偏离自己道路的干扰声音，从而找到消除这种声音并建立自信的方法。

在这个活动中，思考你的目标和梦想。反思一下你目前为实现这些目标所做的努力，并在下面"我的旅程"方框中列出目标。

接着，思考那些使你对自己所走的道路产生怀疑的因素，并填写在"弯路/分心"方框中。最后，思考有哪些方法帮助了你坚持自己的道路，它可以是你一直在做的事情，也可以是你打算做的事情，在"坚定道路"方框中列出这些想法。

例：
- **我的旅程**：努力成为优秀的治疗师，获得执业资格。
- **弯路/分心**：与那些比我更优秀的同事进行对比，孤独地挣扎，进步缓慢得令人沮丧。
- **坚定道路**：提醒自己，不要忘记选择这份工作的原因，不要忘记我帮助过的那些人，相信自己一定可以实现目标，即使要经过漫长的岁月。

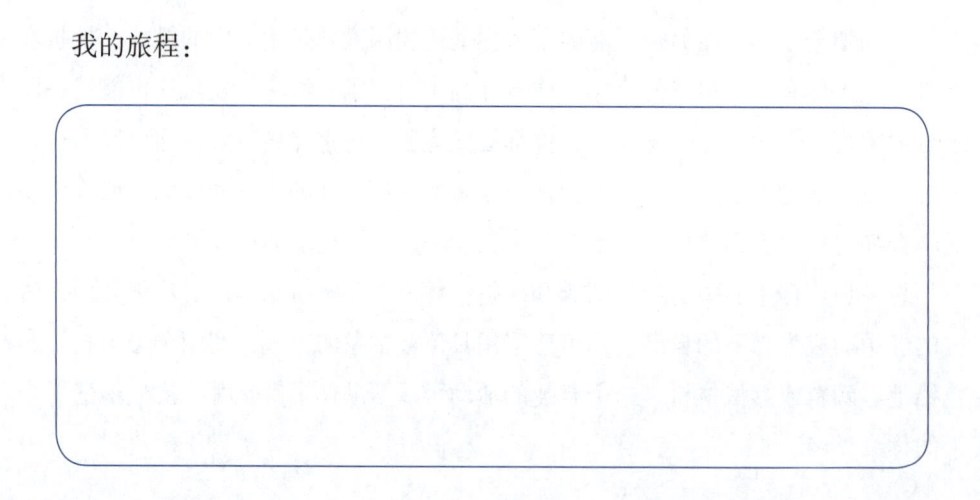

我的旅程：

弯路 / 分心：

┌─────────────────────────────┐
│   │
│   │
│   │
└─────────────────────────────┘

坚定道路：

┌─────────────────────────────┐
│   │
│   │
│   │
└─────────────────────────────┘

> **无论前路如何，**
> **无论我感到多么害怕，**
> **我都相信自己能坚持下去。**

你的成功与希望愿景板

我们每个人都会竭尽所能地保护自己，因此总会想象最坏的情况，避免在未能如愿时感到失望和受到伤害。想象最坏的情况似乎是一种自我保护机制，但它也会阻碍你追求自己想要的生活。

在这个练习中，你需要思考下面几个问题，然后建立自己的成功与希望愿景板。

- 想一想，在你最美好的希望中，未来生活会发生哪些变化。也许你真正想要的是获得那个面试机会、环球旅行或组建一个自己的家庭。
- 温柔地将对失败的恐惧放在一边，关注成功的希望。
- 想象一切顺利的感觉。你可能会建立自信，对工作和个人生活感到满足，并留下快乐的生命回忆。

接下来，发挥创意来制作你的愿景板。利用纸和艺术材料或图片和剪报，画出或写下你的愿景。然后将它挂在能够激励你的地方，从而鼓励你追求自己的梦想与希望。

在错误中成长

你可能听说过"从错误中吸取教训"，但你对此多少有些怀疑。以前犯过的错误使你感到内疚和自责，并进一步放大了冒名顶替者的声音。学会以好奇的心态去看待自己的错误，你将获得成长，并能更加清晰地认识自己。为自己创造更多空间，更加全面地接纳一个了不起的自己。

反思你最近所犯的一个错误。对自己表达同情，思考你可以从这次经历中学到什么。

_____

_____

_____

从破裂到修复

恐惧往往会使我们想象那些最糟糕的情况。这是我们竭力想避开的情况，但是，为了避免这些情况，我们既不敢冒险，又无法得到自己想要的东西、满足自己的需求。例如，如果我们担心第一次约会的紧张不安会给约会对象留下负面印象，那么我们可能连第一次约会都不敢开始，最终丧失了建立关系的机会，而这段关系正是我们所渴望的。不要让对关系破裂或最坏情况的想象阻碍你，这个练习可以帮助你勇敢地直面恐惧，同时明确在你控制范围之内的事物。

例：

最糟糕的情况	如何避免最糟糕的情况	如果出现最糟糕的情况，如何修复
我可能会非常紧张，给约会对象留下负面印象。	冷静下来。准备一些问题，保持对话流畅。做自己！	提醒自己，感到紧张也没关系，也许我的约会对象也会感到紧张。向对方分享自己的紧张心情，展现自己的脆弱，并且表示希望二人能够度过一段美好的时光。

现在请思考一种最糟糕的情况。如何避免这种情况发生？尽自己所能，但不必追求完美。在自己的控制范围和能力范围之内，你可以做什么？例如，你可以准备一些与约会对象的聊天话题，使自己更加从容，但你不能控制约会对象与你的互动方式，也不能控制对方对你的感受。接下来思考，如果发生最坏的情况将会是什么样的。也许这并不是世界末日。你要如何补救？请记住，修复意味着接受事情的结果，而不是将结果变得更好，比如：接受约会对象对你不感兴趣或你未被研究生项目录取。

最糟糕的情况	如何避免最糟糕的情况	如果出现最糟糕的情况，如何修复

> 接纳自己的缺点与错误，
> 可以使我成为自己想成为的样子。

温柔的提醒

自我同情对克服失败恐惧而言至关重要。它能使我们在犯错的时候原谅自己，反思如何从失败中吸取教训，获得成长。此外，自我同情也会让我们进一步了解自己，例如发现自己的优势与局限。对我而言，当我犯错或收到建设性反馈时，我会花一些时间，给自己一个温柔的提醒，对自己表达同情。我会回顾自己的日记，找一些自己喜欢的名言，或者看一看我贴在计算机上的便签。

你可以用自己喜欢的方式，在工作设备或纸上制作几个温柔的提醒，例如选择一些能引发共鸣的名言或歌词。设想一下，如果朋友或家人遇到了困难，你会对他们说什么。回顾这些提醒，可以帮助你在面对挫折时更好地自我同情。

同情日历

利用下面的日历模板或电子日历，记录你在日常生活中的自我同情练习。这种方法不仅可以帮助你应对一些小错误，比如在车管所站错了队，也有助于应对更加严重的错误，比如用语言对另一半造成了伤害，或者搞砸了一项重要的工作。

每天反思错误，这可能令人生畏，因此你可以在每个星期中挑选几天，反思自己当天所犯的一个错误，然后列出你将在本月使用的自我同情的方式。这个同情日历可以作为内在工具来帮助你培养管理日常生活的好习惯，因为日常生活中难免会有各种不完美之处。经过这样的练习，当你再犯错误时，你会感到更加安全和自信，从而更加全面地接纳了不起的自己。

星期一	星期二	星期三	星期四	星期五	星期六	星期日
1	2	3	4	5	6	7
8	9	10	11	12	13	14
15	16	17	18	19	20	21
22	23	24	25	26	27	28
29	30	31				

要点总结

本章重点探讨了如何培养应对错误与挫折的意识。有了这种意识，你可以通过各种各样的练习来了解自己对失败的恐惧，并且在犯错时加强自我同情。人人都有恐惧，你可能还不够完美，但你已经足够好。在进入下一章之前，让我们再来回顾一下本章要点：

- 对失败的恐惧往往来自过去的经历，它会让你认为犯错只有负面影响。
- 对失败的恐惧会阻碍你在生活中尝试一些有利的冒险。
- 通过自我同情来应对错误，主要策略包括自我宽恕、自爱、好奇与成长。
- 错误与挫折能够为你提供在职业与个人发展方面的学习和成长机会。
- 只有将错误视为生活的一部分，你才能充分了解自己，包括你的优势与局限。

99

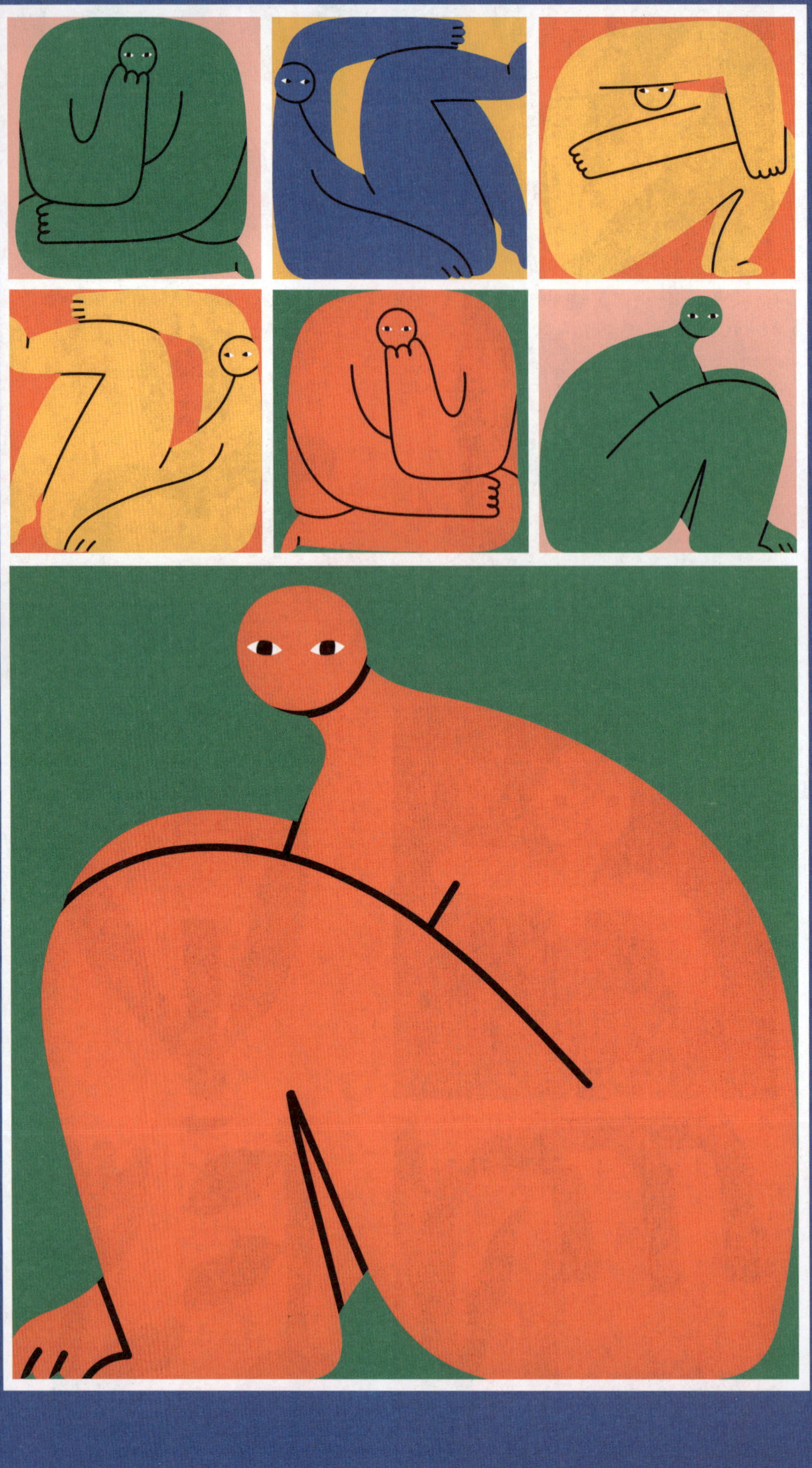

第八章

将生活从过度工作与倦怠中拯救出来

你是否感到精疲力竭、不堪重负？你是否感到自己仿佛陷入了无休止的工作与努力中，只是为了证明自己？如果你的答案是肯定的，那么你并不是在孤军奋战。冒名顶替综合征会让我们感觉自己不够优秀，能力不足，同时迫使我们陷入一种惩罚性的"努力工作"模式。你可能付出了许多努力，希望能对自己满意，结果却发现自己仍然无法满足冒名顶替者声音为你设置的那些不切实际的期望。

即使已经习惯了倦怠和过度工作的感觉，但你的内心仍然渴望放松，希望找到摆脱冒名顶替者声音的方法。好消息是，通过反思自己在什么时候会感到倦怠或接近倦怠，你可以逐步设定合理的界限，平衡生活，从而对自己以及自己所做的事情感到满意。

> **设定界限历程的珍妮**
>
> 41岁的珍妮几乎在所有领域都取得了很高的成就。她从事音乐行业，几乎将所有时间都花在了工作上，周末也会加班。每天早上5点，珍妮就要起床，为两个孩子和丈夫做早餐，准备一周的午餐和晚餐。从外表上看，她是一个乐观、精力充沛的人，能照顾到每一个人和每一件事。然而，在内心深处，珍妮已经精疲力竭、倦怠不已，她需要休息。
>
> 这种感觉已经持续多年，与之相伴的还有怨恨和内疚。对别人的付出远大于自己获得的回报，这令珍妮感到愤懑。而珍妮之所以会感到内疚，是因为如果花时间去满足自己的需求，她就会感到不安，因为她害怕让别人失望。有一天，一切都改变了。珍妮被诊断出患有癌症。
>
> 这是珍妮人生的转折点。她终于意识到了照顾自己的重要性。她学会了经常说"不"，并留出时间来照顾自己和休息。在治疗师的帮助下，珍妮找到了那种内疚和怨恨情绪的源头，它源于童年时期被母亲的情感忽视，珍妮治愈了这种情绪。童年时期，她通过努力，试图赢得母亲的爱和关注，这种影响在成年后显现出来，珍妮"竭尽全力"想要证明自己值得被爱。对她来说，这是一段艰难的旅程，但自己得到了治愈，她开始相信，自己值得被爱。她也明白了，自己被爱的原因在于她是谁，而不是她做了什么——无论做了什么，她始终都值得被爱。

冒名顶替综合征如何导致倦怠

你是否认为自己之所以能得到心仪的工作，是因为幸运而非自身能力？也许你有一位优秀的另一半，而你经常怀疑对方为何会选择与你在一起。无论你是否有过这样的想法或类似的想法，你可能一直都对自己感到不满。虽然有证据证明你是成功的、有能力的、优秀的，但你依然会质疑自己。这种自我怀疑只会让你不断努力，向其他人证明你足够优秀。

这种持续不断的努力和证明可能源于对完美的潜在需求。完美是不可能实现的，于是你会陷入一种困境——付出更多努力，却永远无法达到完美。最终你会过度劳累，精疲力竭。在本章中，我们将探讨摆脱这种困境的方法，帮助你重新找到属于自己的道路。我们将了解导致倦怠的原因，以及如何打破自我强加的完美标准，重新构造切合实际的标准。此外，你还将学到如何在工作与生活中设定界限，摆脱内疚的情绪。

倦怠模式的信号

阅读下面的清单，从产生倦怠前与陷入倦怠后两个维度，选出与你的个人经历相符的选项。根据这个清单完成后文的"摆脱倦怠"表格。

接近倦怠的信号

☐ 几乎没有时间照顾自己　　　　☐ 与他人的联系日益减少
☐ 焦虑且易怒　　　　　　　　　☐ 比以往的工作时间更长
☐ 很难关闭"工作"模式，仿佛处于自动驾驶状态
☐ 担心拒绝别人后，对方会产生负面的感觉或想法
☐ 取悦他人，比如答应对方的要求，以此来避免冲突
☐ 把别人的需求放在自己的需求之前　　☐ 难以放松

倦怠模式的信号

☐ 疲劳　　　　　　　　　　　　☐ 内心感到怨恨和愤怒
☐ 冷漠　　　　　　　　　　　　☐ 不想起床，不想迎接新的一天
☐ 抑郁，比如感到自己没有价值，感到内疚　☐ 难以入睡和/或难以起床
☐ 健忘且注意力难以集中　　　　☐ 身体出现一些症状，比如头疼、呼吸急促和胃痛
☐ 消极地看待生活　　　　　　　☐ 拖延工作与个人任务

小测验：了解你的倦怠程度

这份问卷可以帮助你判断自己的倦怠程度，从而找到适合自己的自我照顾方法。针对每一条描述，选择最符合你自身感受的数字。

0 = 从不，1 = 很少，2 = 有时，3 = 频繁，4 = 经常，5 = 总是

在过去的两个星期里，我有过如下经历：

1. 易怒并且对他人感到愤怒

0　　　1　　　2　　　3　　　4　　　5

2. 在需要完成的事情上一再拖延

0　　　1　　　2　　　3　　　4　　　5

3. 缺少动力，即使是对自己喜欢的事情

0　　　1　　　2　　　3　　　4　　　5

4. 疲劳

0　　　1　　　2　　　3　　　4　　　5

5. 难以专注于任务或对话

0　　　1　　　2　　　3　　　4　　　5

6. 对他人与/或我所做的工作感到愤恨

0　　　1　　　2　　　3　　　4　　　5

7. 健忘

0　　　1　　　2　　　3　　　4　　　5

8. 感到焦虑

0　　　1　　　2　　　3　　　4　　　5

9. 几乎没有时间照顾自己

0　　　1　　　2　　　3　　　4　　　5

10. 想逃跑和逃避

0　　　1　　　2　　　3　　　4　　　5

11. 目标感和激情下降

0　　　1　　　2　　　3　　　4　　　5

12. 感到与他人脱节

0   1   2   3   4   5

13. 感情麻木

0   1   2   3   4   5

评分： 你在哪些项目上的得分为 0、1、2？这表明从这些方面来说，你已经在工作与生活之间建立了良好的平衡，可以有效地防止倦怠。

你在哪些项目上的得分为 3、4、5？这表明从这些方面来说，你正在过度工作，并且产生了倦怠感。继续尝试本书的练习，学会设定界限（详见下文），预防倦怠。你值得如此！

追求完美

完美主义会使我们陷入"努力努力再努力"的模式，导致我们产生了倦怠感与不满足感。注意完美主义者的声音，以及它对你的思考、感受和行为的影响，你将找到消除冒名顶替者声音的方法，从而过上更加富有成就感的生活。

完美主义者的声音向你传递了哪些信息？

_____
_____
_____
_____
_____

完美主义者的声音如何使你感到倦怠？

_____
_____
_____
_____
_____

自我照顾

为自己设定界限并且拒绝他人，这绝非易事。如果你不够努力，冒名顶替者的声音可能会指责你自私、无能、冷漠、不称职。你可能会担心其他人看轻你，也会害怕遭到其他人的拒绝。深入了解这些阻碍你进行自我照顾的恐惧，有助于找到克服它们的方法，进而从倦怠与精疲力竭中解脱出来。

在设定界限与/或自我照顾时，你会产生哪些恐惧？

_____
_____
_____
_____
_____
_____
_____
_____
_____
_____
_____
_____
_____
_____
_____

> 平凡如我，却已足够精彩。
> 摆脱完美主义的桎梏，
> 我将拥抱属于自己的光芒。

从倦怠到满血复活

这个练习可以帮助你意识到拒绝所产生的不适感，并且建立适当的界限。这种意识能够帮助你摆脱不适感，并安心地保留一片属于自己的空间。

例：

- 拒绝他人使我感到<u>内疚和惭愧</u>。
- 如果我拒绝了<u>家人的请求</u>，我担心<u>他们会难过</u>，我会因此感到<u>内疚和惭愧</u>。
- 拒绝他人非常困难，而且令人不安，但有时候我需要拒绝他人，从而给<u>自己和生活的其他方面（比如朋友和另一半）留出一点时间</u>。
- 下一次当我尝试拒绝的时候，我可以对自己表达同情，<u>提醒自己，我的需求也应当得到满足</u>。

拒绝他人使我感到_____。

⬇

如果我拒绝了_____，我担心_____，我会因此感到_____。

⬇

拒绝他人非常困难，而且令人不安，但有时候我需要拒绝他人，从而_____
_____
_____。

⬇

下一次当我尝试拒绝的时候，我可以对自己表达同情，_____
_____
_____。

正念休息

我甚至记不清有多少次我专注于工作，以至于忘记休息或吃点东西。还有一些时候，我发现自己会答应每个人的请求，却没有意识到我几乎失去了自己的时间。你是否也有同样的感觉？如果答案是肯定的，那么你就能理解，我们很容易陷入"努力努力再努力"的模式，却难以让自己休息和充电。我在这里提供一个有用的工具，即正念休息，它尤其适用于你刚开始休息的时候。

在这个练习中，你需要先从下表中选择一个或多个正念休息练习项目，每周练习三次，持续一周。你也可以加入自己的正念休息方法。最初可以将练习时间设定得较短，比如每次 30 秒。之后逐渐增加每次正念休息的时间。你完全可以将休息时间增加到 5 分钟或 10 分钟。

30 秒正念休息	1 分钟正念休息	2 分钟正念休息
站起来，快速伸展身体	喝一杯水	拿一些小点心放在口中咀嚼
将视线从电脑上移开	环顾四周，描述一下周围的环境	到外面呼吸新鲜空气，或者向窗外眺望
闭上眼睛，进行"3—2—3"呼吸练习（参见前文）	想象你的"快乐之地"	听一首歌

> **我必须照顾好自己，**
> **才有能力去满足自己和他人的需求。**

你很重要

有时候，我们会在不知不觉间进行自我照顾。经过白天漫长、忙碌的工作后，我们会享受一个美好的夜晚，以恢复精力。我们可能会向朋友倾诉或者通过咨询来寻求帮助。自我照顾不只是拒绝他人和任务，也包括满足自己的需求。满足自己的需求可以帮助你预防倦怠，提高你对自己的满意度。

现在你是如何进行自我照顾的？过去你是如何进行自我照顾的？

_____
_____
_____
_____
_____
_____
_____
_____
_____

你是否还有其他自我照顾和预防倦怠的方法？写出一到两种。

_____
_____
_____
_____
_____
_____
_____
_____

控制完美主义者的声音

在这个练习中,你将学习如何在完美主义者的声音出现时,对自己表达同情。完美主义所呈现的形式包括以下几种:

- 与他人对比
- 对自己抱有不切实际的期望
- 犯错时的自我批评
- 难以接受建设性反馈
- 忽视自己的成就

通过自我同情可以摆脱这些完美主义的倾向,使你认可自己以及自己所付出的努力。为了控制完美主义者的声音,你需要先思考在工作、学习与/或个人生活中,上述每一种完美主义的表现形式对应了哪些完美主义者的声音。请在完美主义者的信息旁,站在同情与信任的立场上,写下你可以采取的行动或对自己的鼓励。

遇到困境	完美主义者的声音	同情的声音
例: 在工作中收到负面反馈	你真是愚蠢又无能。你会被公司辞退的	这种反馈对我个人而言没有意义。如果愿意,我也可以通过这种反馈获得进一步成长,并成为我想成为的人
不切实际的期望		
与他人比较		
自我批评		

续表

遇到困境	完美主义者的声音	同情的声音
来自他人的批评		
忽视自己的成就		

重新认识自我照顾

对自我照顾的畏惧可能源于早期的生活经历，以及社会和文化期待，它们会影响你对自我照顾的认识。例如，在你成长的文化环境中，人们可能重视努力工作，以放纵享乐为耻。因此，你可能羞于满足自己的需求，并且执着于工作。探究是哪些经历影响了你对自我照顾的认识，然后你可以重塑其中的部分认识。这样做可以帮助你摆脱倦怠感以及对完美的追求。

哪些文化、个人与/或社会期待和经历影响了你对自我照顾的认识？

_____

_____

_____

_____

你希望如何重塑对自我照顾的认识？

_____

_____

_____

_____

在生活中找到适当的平衡

你是否感到生活失去了平衡?如果你已经陷入过度工作的泥潭,感觉自己的努力永远不够,那么你可能经常会产生这种失衡的感觉。没有时间照顾自己,进而产生倦怠。别担心,有很多方法可以帮助你找回平衡。只有在工作与生活之间建立并维持良好的平衡,你才能重新获得生活的能量、动力和热情。

首先,想一想在当前的生活中,你对哪些方面投入了过多的精力。你可能将大部分时间都花在了工作上,忘记了休息或平衡工作与娱乐。或者你将太多时间花在了朋友和家人身上,却忽视了自己。

然后想一想:你需要为哪些方面留出更多空间?哪些方面需要额外的关注?如果你是一个内向的人,那么你可能需要更多的时间独处才能恢复精力,尤其是在长时间社交以后。或者,如果你整个星期都在努力工作,那么你需要在周末做一些有趣的事情,比如徒步旅行,或品尝一种新的美食。

投入过多精力的方面	需要更多关注的方面

从恐惧到勇气

如果你一直在取悦他人，以至于精力即将耗尽，那么你很容易产生无助感，或者感到自己的需求无关紧要。你不敢设定界限，也不敢拒绝他人。只有找到阻碍自我照顾的恐惧信息，你才能接纳勇气信息，它们往往源自鼓励与充沛的精力。

观察下图。在"恐惧信息"一侧画出你对自我照顾的恐惧。你可以想象不同的形状、颜色、单词、短语和概念，并用它们来表现你不敢维护自己的原因。然后进入"勇气信息"部分。经常满足自己的需求是什么感觉？你可以想象一些能够为自己带来力量的颜色、想法和词语。

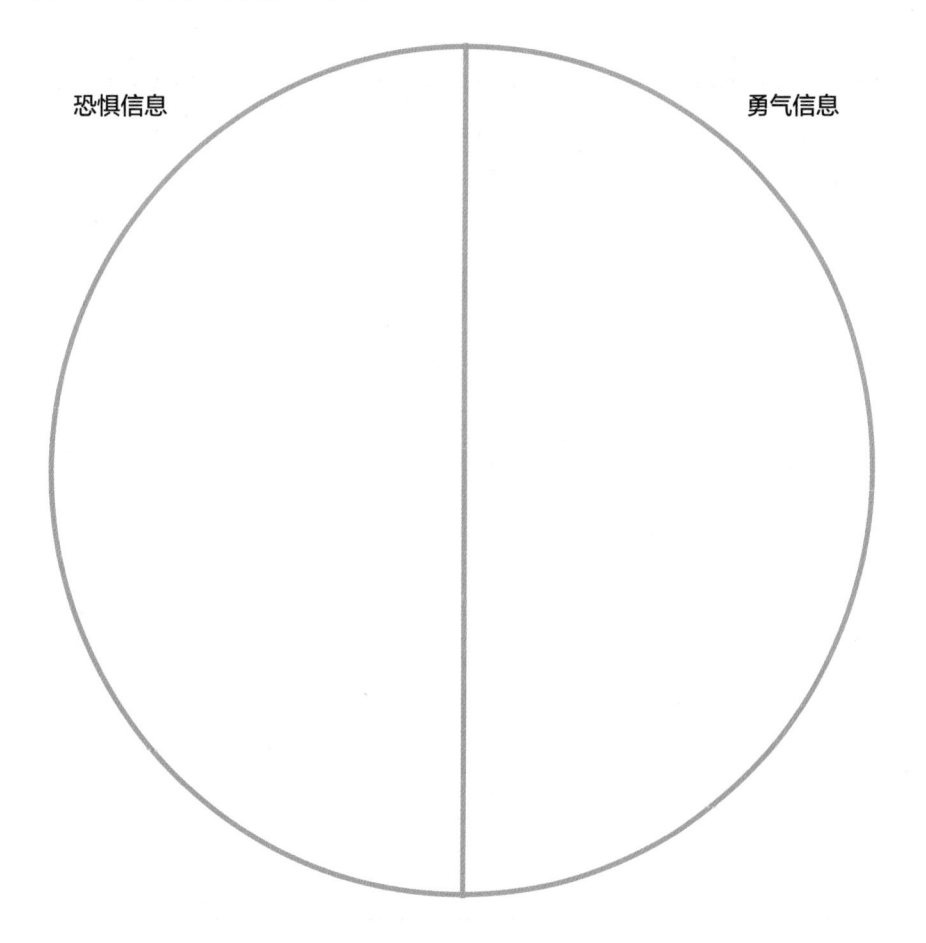

恐惧信息　　　　　　　　　　　勇气信息

第八章　将生活从过度工作与倦怠中拯救出来

摆脱倦怠

我们有时会陷入"努力努力再努力"的模式，被工作和个人问题耗尽精力。反思过去的倦怠体验，你可以分辨出预示接近倦怠状态或已经陷入倦怠状态的警告信号。

利用下表，反思你近期在生活的各个方面（或符合你个人情况的方面）的经历，明确自己在陷入倦怠之前的感受、思考和行为。列出象征产生倦怠感的信号。在完成该表时，你可以参考小测验"你的倦怠程度"（参见前文）来确定倦怠信号，参考"自我滋养清单"（参见第九章），找到应对倦怠的方法。

接近倦怠状态的信号	陷入倦怠状态的信号	应对倦怠状态的方法
例：我一直在加班，感觉自己做得永远都不够，总担心老板会辞退我	容易对他人发怒，经常头痛、拖延，害怕上班	在必要的时候寻求帮助，在工作日里适当休息，休息日不回复电子邮件
家庭：		
工作：		
人际关系：		
学习：		

学以致用

你是否还不习惯设定界限？我们可以先想象如何设定界限，然后再学以致用。这项活动可以帮助你建立并维护自己的界限，指导你解决在设定界限之初可以预见的问题。

1. 选择一个你希望设定界限的方面。
2. 找到一个你想要与之划分界限的人，比如你的老板，或者一位消耗你大量时间和精力的朋友。
3. 思考一种可以设定界限的方法。也许你需要尝试只在工作时间查看电子邮件，或者更频繁地拒绝朋友的请求。
4. 想象其他相关者可能会如何应对或反应。也许老板不能理解你的需求，或者因为你不能为朋友付出更多的时间，致使他们心生不满。
5. 设想一下，假如他们向你表达抗议，你会如何处理这种情况。你可能要控制内疚感，或者努力坚定地向对方传达你的需求。
6. 在其他情景下也可以进行这个练习。

> **有时我必须减少为他人考虑，
> 只有这样我才能更多地为自己着想。
> 我很重要。**

选择自我滋养的方法

每周花一些时间照顾自己,从而了解自己的感受和可能需要的东西。如果没有时间关注自己,你会很容易陷入过度工作和"努力努力再努力"模式的循环中,结果忘记为自己充电。

使用下面的周计划表,先判断自己的倦怠等级,从 0 到 10 级,10 级为倦怠程度最严重的情况。然后,思考你需要做的一件事、你会拒绝的一件事,或者你为了好玩而做的一件事。在日历上填写你选择的自我滋养的方法。

这些活动可以为你提供休息、娱乐和精力恢复的空间。例如,如果你的倦怠程度为 7 级,那你可以选择拒绝与朋友外出,在夜晚独处。娱乐也很重要,你可以在周末去博物馆或海滩。你也可以用这个计划表,来安排每周或每天的自我滋养行程,从而创造更多属于自己的空间。

日期	倦怠等级 (1 至 10)	我需要做的一件事	我要拒绝的一件事	我为了好玩而做的一件事
星期一				
星期二				
星期三				

续表

日期	倦怠等级（1至10）	我需要做的一件事	我要拒绝的一件事	我为了好玩而做的一件事
星期四				
星期五				
星期六				
星期日				

要点总结

冒名顶替综合征会让你感到自己的能力不足，需要进一步努力，最终导致你精疲力竭。这种现象可能会出现在生活的各个方面。本章的练习将帮助你消除完美主义者的声音，为生活和工作设定界限，缓解倦怠感，并且提高自我同情的能力。让我们来回顾一下本章的要点：

- 不切实际的期望以及对完美的追求会导致你过度工作，进而产生倦怠。
- 倦怠的常见标志包括疲惫、拖延、易怒和焦虑不安。
- 设定界限有助于防止过度工作并预防倦怠。
- 设定界限是自我同情与自我照顾的重要方法。
- 你应当对自己多加关爱，从而帮助自己恢复精力。这样一来，你才有能力去关心他人，并且更加充实地度过每一天。

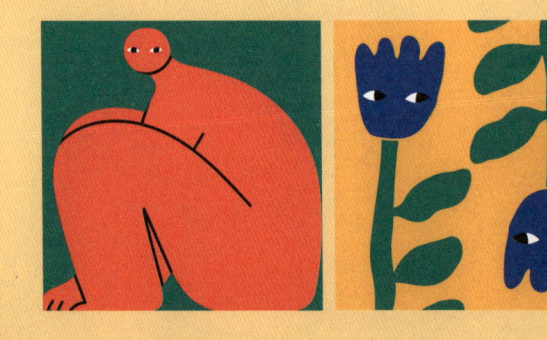

119

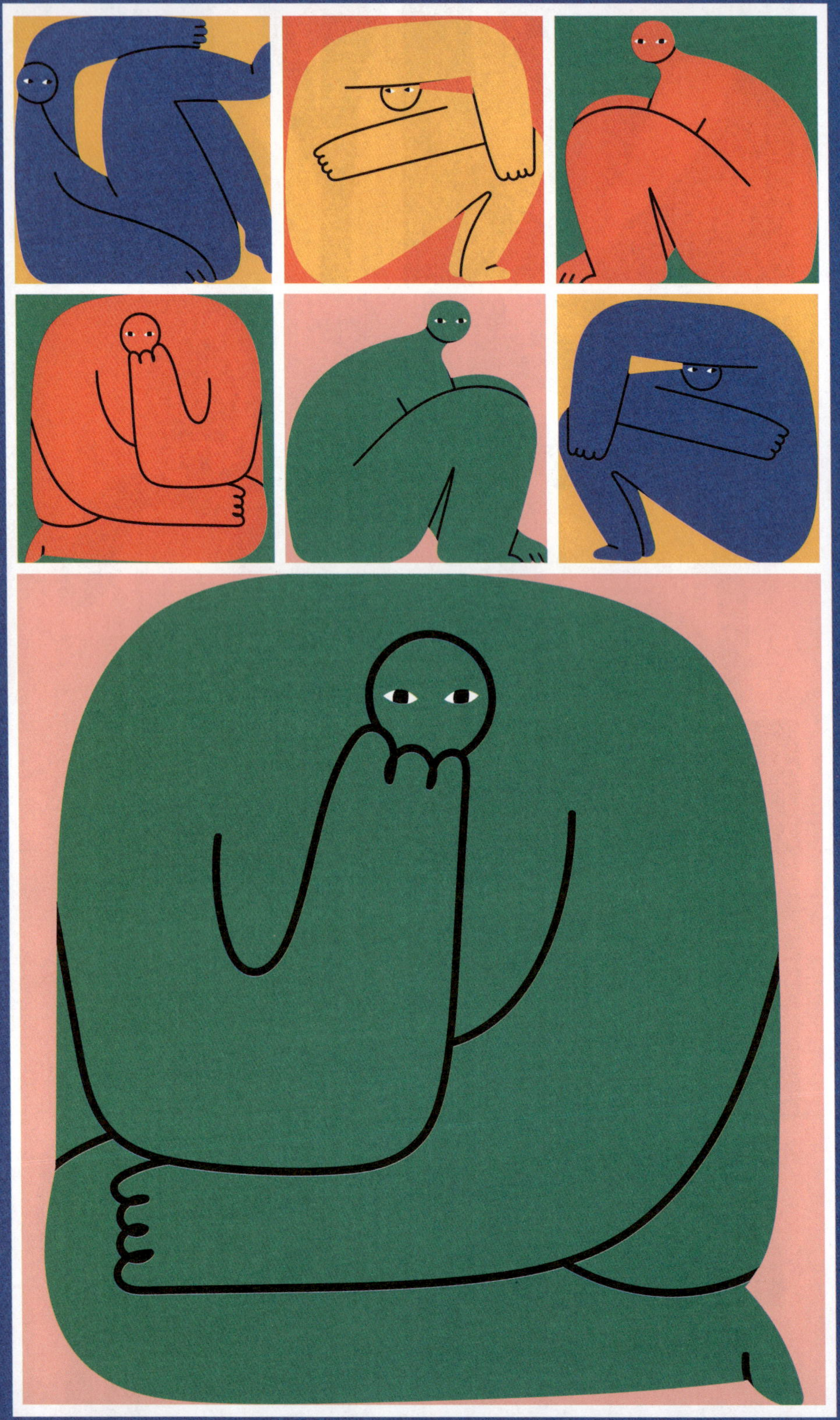

第九章

将自我照顾放在首位

美满的生活离不开自我照顾。如果不能为自己的油箱加油，又怎么能帮助他人和应对生活中的种种任务呢？你可能很难照顾到自己的需求，或者难以将自己的需求放在首位。如果你渴望完美，就很容易忽视自己的需求，因为你陷入了努力取悦他人的恶性循环中。为自己创造更多的放松空间，摆脱"努力努力再努力"的模式，你会立刻感受到自我照顾的益处，并且这种益处可以一直延续到未来。比较直接的益处是它可以防止倦怠及其负面影响，而从更加长远的未来来看，它将增强你的安全感，并树立自信心。

> ### 辛西娅的自我照顾之旅
>
> 辛西娅的母亲酗酒成瘾。在辛西娅的成长记忆中，父母经常吵架。她记得父亲开车送母亲去康复中心时，她与父母坐在车里，她看到母亲非常抗拒治疗，内心充满了不安。
>
> 十几岁时，辛西娅在家中承担起许多原本应由父母承担的责任。她常常在放学回家后发现母亲昏倒在沙发上，因此她不得不照顾母亲。由于父亲经常工作到深夜，因此大部分夜晚，辛西娅都要为自己和母亲做晚饭，还要准备第二天上学时的午餐。为了照顾母亲，辛西娅付出了大量时间，而她自己却没有享受到一个孩子应该得到的照顾。
>
> 到了二十多岁的时候，辛西娅和一个经常进出康复中心的男人建立了恋爱关系。她继续扮演自己十几岁时就习惯的看护者角色，只不过现在她是开车送男友参加咨询和戒毒互助会。当男友和朋友外出时，辛西娅总要反复检查，确保男友没有再碰毒品。当男友第三次复吸时，辛西娅再也无法忍受了。一直以来，她都活在焦虑和抑郁之中。她把朋友和家人拒之门外，甚至从大学退学。她意识到自己为他人牺牲了太多，就像小时候一样。她意识到，是时候做出改变了。她需要了解自己，知道自己想要什么。现在她需要好好照顾自己。

自我照顾的益处

冒名顶替综合征会引发消极的自我对话，它使我们无法善待自己，甚至无法同情自己。消极的自我对话可能会告诉你，你不配或不能放慢脚步，也不能放松自己。因此你会认为自己需要更加努力地工作或者为家人和朋友付出，结果却忽视了自己的需求。人们很容易忘记这样一个事实，即你自己非常重要，你值得被看见、被倾听。因此，自我照顾对摆脱消极的自我对话非常重要。自我照顾是你进行自我同情的四种主要方式之一，另外三种方式是真实、宽容和善意。

自我照顾将如何帮助你消除冒名顶替者声音？首先，它有助于防止过度工作和倦怠。缓解了倦怠感以后，你才能有自己的空间，从而更加真实和自由地度过每一天。通过自我照顾，你将不再追求完美主义、证明自己、寻求关注和与他人比较。你会发现自己已经足够好，不再需要追求这些东西了。通过自我照顾，你也可以学会向他人寻求帮助，因为你意识到自己不必再做一个全能的人。最重要的是，通过自我照顾，你会明白"我很重要，我本身已经足够好"，这样一来，冒名顶替者的声音也被消除殆尽。现在就开始为自己创造更多空间吧！

自我照顾的含义

由于冒名顶替综合征，你可能对自我照顾的概念感到陌生甚至不适。自我照顾对你意味着什么？它为什么那么重要？思考这些问题，可以帮助你逐渐熟悉自我照顾的概念。在习惯并适应了自我照顾以后，你可以为自己创造更多的空间。

对你来说，自我照顾意味着什么？

_____
_____
_____
_____
_____

你会通过哪些不同的方式来照顾自己？

_____
_____
_____
_____
_____
_____
_____

判断自我照顾的程度

确定你有多少用于自我照顾的空间,可以帮助你了解需要在哪些方面加强自我照顾。针对每一项描述,选择最符合自身感受的数字。

0 = 从不,1 = 很少,2 = 有时,3 = 频繁,4 = 经常,5 = 总是

1. 我将他人的需求放在自己的需求之前。
0   1   2   3   4   5

2. 我很难拒绝别人。
0   1   2   3   4   5

3. 我会做一些自己不想做的事来取悦别人。
0   1   2   3   4   5

4. 如果我表达自己的需求,我担心别人会失望。
0   1   2   3   4   5

5. 我不愿意寻求帮助,最终总是靠自己完成所有事。
0   1   2   3   4   5

6. 我不会花时间去使自己放松。
0   1   2   3   4   5

7. 我很难意识到自己的需求。
0   1   2   3   4   5

8. 身边的人说我讨人喜欢或者太过善良。
0   1   2   3   4   5

9. 表达自己的感受和需求,这会让我感到很有压力。
0   1   2   3   4   5

10. 我觉得为自己的需求着想是一种自私的行为。
0   1   2   3   4   5

评分: 你在哪些项目上的得分为 0、1、2?这表明你在这些方面可以很好地照顾自己。请继续保持!

你在哪些项目上的得分为 3、4、5？这可能说明你还没有为自我照顾留出足够的空间。继续尝试本书的练习。你的需求也很重要。

清除消极的自我对话

让我们面对现实：消极的自我对话信息必然会在一些时候妨碍你照顾自己。这些消极的自我对话可能会告诉你，要靠自己完成所有事，不能寻求帮助。或者放慢脚步和放松都是可耻的，因为你可能会落后于别人，度过失败的一生。但听从这些消极自我对话的结果是什么？你会精疲力竭，陷入倦怠，并对不断努力取悦他人感到厌倦。让我们用一些同情的信息来代替这些信息，清除消极的自我对话。

哪些消极的自我对话信息会妨碍你进行自我照顾？

_____

_____

_____

_____

_____

_____

你的同情信息对自我照顾有什么作用？

_____

_____

_____

_____

_____

_____

全心全意地滋养自己

自我照顾的方法有很多。常见方法包括在需要的时候寻求帮助、给自己独处的时间、必要时拒绝他人。你可能会发现，这些自我照顾的行为会让自己感到内疚或焦虑。这是冒名顶替者的声音在作祟。在这个活动中，你需要探索冒名顶替者声音对自我照顾的指责，以及它对你造成的消极影响。只有让自我同情的声音重新响起，你才能进一步学会如何滋养自己，过上更加美满的生活。

自我照顾行为	冒名顶替者的声音	消极影响	自我同情的声音	自我照顾行为
寻求帮助	例：寻求帮助是无能的表现。你必须坚强地忍耐	我不会寻求帮助。我自己拼命工作，最后感到倦怠和焦虑	需要帮助并向他人寻求帮助，这是很正常的。我也很重要	向另一半寻求帮助，请他协助完成家务
给自己独处的时间				
拒绝他人				

> 我的身体、
> 意识和灵魂都需要滋养和补给，
> 以帮助自己在人生旅途中继续前行。

克服阻碍自我照顾的因素

在下表中，写出你想尝试的几种自我照顾行为。然后思考在执行这个自我照顾计划之前、期间和之后，你可能会遇到哪些问题。阻碍自我照顾的因素可能包括内疚或焦虑，或者其他人的反应，比如因你无法满足他们的需求而对你失望。最后，思考如何去解决这些预期问题。你需要得到认可吗？你需要得到亲人的肯定吗？你需要在手机上设置提醒吗？

自我照顾行为	障碍	如何克服障碍
例：向我的另一半寻求情感支持	之前：我会感到紧张，担心我的另一半会认为我很矫情。 期间：当我需要另一半倾听我的感受时，对方可能会尝试给我建议。 之后：我可能会过度思考"如果"和"应该"。（比如，我是否应该分享这个？或者，如果另一半认为我很无能怎么办？）	提醒自己，我很重要，并且我的另一半会安慰我

自我照顾信息

　　如果你还没有习惯照顾自己，可能会对此感到不适。这些不适的感觉可能来自你人生早期的经历。也许你的父母终日争吵不休，忽略了你的需求；也许你成长于一个以家庭为单位的集体主义大家庭，所以你学会了将家庭的需求置于自己的需求之上。意识到过去的经历如何塑造了你的自我照顾观念，可以帮助你重新构建自我照顾的信息，并为你创造更多的空间。

　　如果这项练习使你产生很多情绪，请善待自己。你也可以暂停一会儿。如果情绪变得难以控制，你可以寻求外界的支持。寻求帮助是一种勇敢的自我照顾方式，为你赋予了生命的力量。

　　小时候你得到了怎样的照顾？

_____
_____
_____
_____
_____
_____

　　小时候你需要什么？现在你如何满足自己的这种需要？

_____
_____
_____
_____
_____
_____
_____

从争取到值得：逐渐习惯自我照顾

你可能会认为自己需要争取自我照顾，尤其是当你已经习惯了以他人需求为先的时候。休息和娱乐可能会令你感到自己停滞不前，好像没有得到任何成长，但事实正相反。如果没有自我照顾，你会更容易倦怠和陷入停滞，或者完全放弃自己的目标。它也会使你认为自己必须去努力争取，才能获得照顾自己的机会。但你值得被照顾，相信这一点可以帮助你逐渐适应自我同情。让我们来制订一个计划。

自我照顾计划：这是播种的阶段。记下一个你想实施的自我照顾计划。你是想在工作期间多一些休息的时间，还是想在家庭方面获得另一半的更多帮助？

_____
_____
_____
_____

开始计划：这是灌溉种子的阶段。你将如何开始这个自我照顾计划？是否需要在周计划中写下具体的休息时间？是否需要写一个分担家务的清单？

_____
_____
_____
_____

执行计划：现在让我们想想如何坚持这个计划。这是沐浴阳光，让计划成长并成形的阶段。思考一下可能会分散注意力的因素。如果你在工作中遇到麻烦，可以考虑向同事寻求帮助。如果寻求帮助使你感到内疚，那么你也可以向另一半寻求安慰。你还需要做些什么来照顾自己呢？

_____
_____
_____
_____

我不需要争取自我照顾。
我需要并且应当照顾好自己。

倾听你的直觉

有时候我们知道要给自己留一些空间。无论是想独处一晚,还是从工作中抽身片刻,总会有一种直觉告诉自己:"我感觉有点不舒服,有些事情需要改变。"但我们很容易忽视这种直觉,结果导致自己陷入过度工作和倦怠状态,并且始终无法摆脱冒名顶替综合征。只有意识到这种直觉,并且重视这种直觉,我们才能在必要的时候创造更多自我照顾的空间。

回想你曾进行自我照顾的经历。什么样的直觉使你开始进行自我照顾?为什么?

_____
_____
_____
_____
_____
_____
_____
_____
_____
_____
_____
_____
_____

满足自己的需求

也许你觉得拒绝他人是一件很困难的事。比如，拒绝假期陪伴父母，这样你可以与朋友聚会。或者拒绝加班，这样你可以和家人共进晚餐。当你需要并且想要做其他事情时，学会拒绝他人就是进行自我照顾并摆脱完美主义的重要手段。

设想这样一种情况：你想拒绝对方的要求，但为了不让对方失望，你最终答应了他的要求。这种情况可能会出现在工作场合，也可能会出现在其他地方。根据下面的指导，学习如何满足自己的需求。

1. 思考拒绝他人有什么好处。
   例：如果今晚不加班，你将有时间恢复精力，为第二天的工作做好准备。
2. 思考在这种情况下的解决办法。
   例：你可以在第二天早上提前 30 分钟开始工作，帮助他人解决问题，这样一来，你依然有时间陪伴家人。
3. 思考在这种情况下如何坚持自己的立场，并清晰地表达自己的需求。
   例：如果经理坚持让你加班，你可以说："我明白这件事非常重要，但我今晚无法提供帮助。"

你的感受更重要

情绪可以传达信息。也许你想摆脱悲伤和焦虑等不快的感受，但这些情绪也是有用的指标，它们表明你需要一些自己尚未得到的东西。例如，焦虑可能意味着你的生活需要更多的平衡。羞耻感可能意味着你需要来自他人和自己的同情。愤怒可能意味着你需要维护自己的界限。

回想在过去几个月内出现在你身上的情绪，将它们依次写在"当我感到"这一栏。思考这种情绪出现时，你需要做什么才能缓解这种情绪。然后你可以将答案填写在"我需要"这一栏。

例：当我感到难过时，我需要找朋友聊一聊，从他们那里得到安慰。

当我感到		我需要
	→	
	→	
	→	
	→	

> **我的感受可以传达信息。**
> **当我感到倦怠时，**
> **说明我需要休息和放松。**

自我滋养清单

你可以通过不同的方式在工作、学习和人际关系中进行自我照顾，从而维持身体和情绪的健康。首先列出一到两种你在不同方面所使用的自我照顾的方法，将它们填在下方的心形区域。让我们来帮助你对自己进行全方位的滋养。

工作上的自我照顾：你可以通过这些活动或者采取这些行动来维持你对工作的热情与专注，比如向一位同事寻求帮助或者休息一下。

身体上的自我照顾：这些活动可以帮助你保持健康，为身体注入活力，从而使你有精力承担工作任务与个人责任。这些活动包括均衡饮食和运动。

情绪上的自我照顾：这些活动有助于你的心理健康和幸福感，特别是当你正在经历一段艰难时光，或遭遇挫折的时候。例如，你可以和朋友或咨询师聊一聊你的感受，或者将自己的感受写在日记里。

人际关系上的自我照顾：这些活动有助于你和亲人建立并维持令人满意的联系，例如设定界限、向他人表达你的感受和需求。

寻求帮助

寻求他人的帮助违背了独行侠的声音。一些独行侠最喜欢说"你需要靠自己完成所有事"或"寻求帮助是懦弱的表现"。这些信息对你毫无帮助，压缩它们的空间，才能进一步清除冒名顶替者的声音。你可以通过一些方法来寻求帮助，并为自己创造空间。

找到生活中令你感到压力最大的一个方面。你可能疲于应付工作，或者正因分手而心碎。你可以通过下面的步骤来寻求帮助。

1. 思考一件你需要或想做的事情，它能帮助你减轻你在这个方面所承受的压力。

    例：依靠同事的帮助，减少工作量和缓解压力。

2. 思考一个你想求助的值得信任的人。

    例："分手让我十分痛苦。我们能聊一聊吗？我需要你的支持。"

3. 不断练习！你也可以选择生活中其他需要帮助的方面，并继续进行这个练习。

我与我自己

在这个活动中，你需要探索如何独处、恢复精力、做好准备，然后重新回到这个世界。坚持你制订的计划。你需要且应当拥有自己的空间。在你实践这项活动时，请尝试保持正念。限制或隔绝手机或其他干扰。与自己相处，享受独处的独特时光。

1. 找一件你真正喜欢但近一段时间一直没做的事情，比如在你最喜欢的徒步路线上徒步。
2. 思考这项活动需要花费多少时间，需要做哪些准备。
3. 拿出你的计划表，选择一个活动日期和时间。现在就将这项活动填写进去。

自我照顾日历

利用下面的日历模板，记录每天的自我照顾情况。你可以参考上文的"自我滋养清单"中列出的内容，或者使用自己的方法。请记住，即使是一些简单的善待自己的行为，也可以算作自我照顾。例如，在中午放下工作，好好享用一顿午饭，这就是自我照顾。起床后做一些拉伸运动，或者因为感到疲惫而缩短晚餐约会的时间，这些都是自我照顾。经常练习自我照顾，冒名顶替者的声音就会逐渐消失。你将步入正确的轨道，将自己放在首位，然后你会发现，自己已经足够好。

星期一	星期二	星期三	星期四	星期五	星期六	星期日

要点总结

照顾自己是摆脱冒名顶替综合征、过上美满生活的关键要素。虽然冒名顶替综合征会阻碍你将自我照顾放在首位，但通过练习，你可以提高自己的安全感，从生活的各个方面收获快乐。让我们一起来回顾一下本章的几个重点：

- 自我照顾有助于防止过度工作和倦怠。
- 自我照顾可以使你不再无休止地追求完美、证明自己、寻求关注，以及与他人做比较。
- 三种常见的自我照顾方式包括寻求帮助、将时间花在自己身上、必要时拒绝他人。
- 情绪可以传达信息。不愉快的感受，比如焦虑、倦怠和压力，通常意味着你需要进行自我滋养。
- 照顾自己并不是自私的行为。它能使你更好地应对工作、人际关系和生活的各个方面。

137

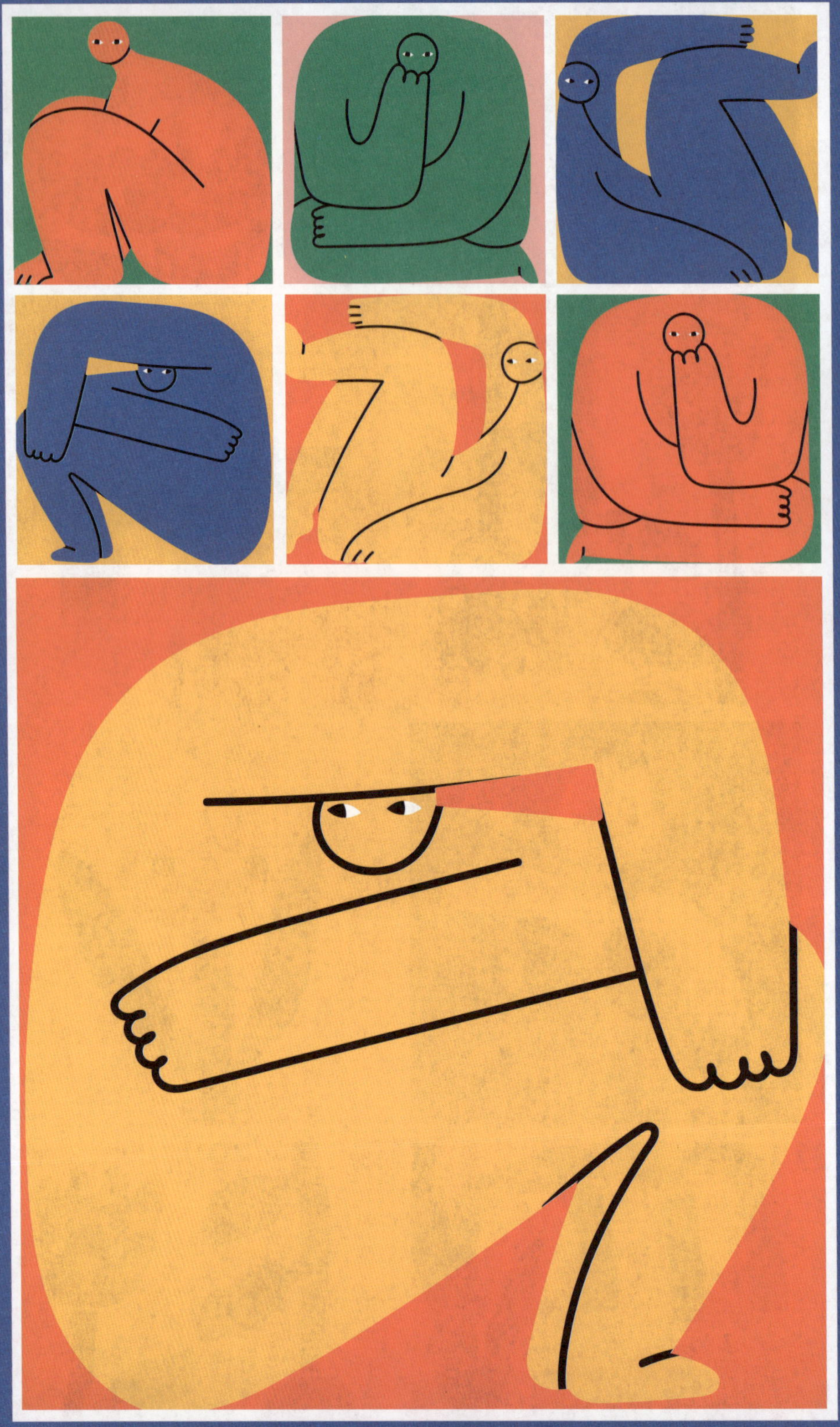

第十章

从长远的角度来控制冒名顶替综合征

要彻底清除由冒名顶替综合征带来的消极自我对话,需要投入时间、精力和勇气。你已经踏上了这个征程。有时,冒名顶替者的声音还会冒出来,或者你会度过艰难的一天,此时你可能会感到非常沮丧,但请不要放弃。每个人的旅程中都免不了会遇到障碍和挫折。每一天你都在努力压制冒名顶替者的声音,从而更加坦然地认可自己的成就。在最后一章,我们将探讨从长远的角度来看,你还可以运用哪些方法来应对冒名顶替综合征。本章提供的工具和思考方法可以帮助你继续建立更加强大的自信,对自己给予更多同情,并且进一步提升对自己的认可。

接纳自我的加布

加布习惯了事事与他人比较。孩童时期，父母会拿他与其他孩子对比：另一个孩子的学习成绩更好，另一个孩子的身体更健壮，另一个孩子的行为更得体……这种持续不断的对比，使加布感觉自己处处低人一等。

长大后，加布注意到自己已经深深陷入比较的陷阱，只不过现在进行比较的人是他自己。一方面，当他浏览社交媒体时，总会受到其他人的鼓舞；另一方面，加布觉得自己不如别人，深感自卑。似乎其他人都比自己更优秀、更强壮、更聪明、更讨人喜欢。

加布感到困惑和沮丧。他不明白，为什么有时候自己会感到自信，而另一些时候却会感觉自己像个骗子，毫无成就。他进一步思考，回顾自己在治疗过程中如何治愈过去的创伤，找到了一份令人满意的工作，并在过去的两年里环游世界。他花了许多时间去成长和学习，终于能够认可自己。但现在为什么又变成了这样？为什么之前的冒名顶替者情绪会再次出现？叮叮！加布使用的社交媒体就是答案。旅行时，加布利用社交媒体与朋友保持联系，并在上面分享自己的旅行信息。但现在回到家里，加布意识到社交媒体不再是一种联络方式，它导致自己的不安全感再次出现了。在研究了社交媒体的影响后，加布开始限制使用它们，同时他也明白，偶尔出现的不安全感是正常的。他将注意力放在了自己的感受和需求上，并在自我认可之路上继续前进。

学会适应成功

如你所见，遵循前文提供的方法，可以为你带来许多好处。克服自我怀疑和抑制消极的自我对话，可以缓解冒名顶替综合征的负面影响，帮助你认可自己，更加真实地展现自己，获得长久的成就感，并帮助你从新的视角看待自己的成功和优势，认可它们而不是将其视为运气。

1978年，克兰斯（Clance）和伊姆斯（Imes）进行了一项名为"高成就女性群体中的冒名顶替者现象"的研究。研究发现，参与者通过一定的技能和工具来克服冒名顶替者心态，从而消除了自我怀疑，增加了积极的自我对话。这项研究也表明，参与者不再感觉自己像个骗子，她们逐渐能够承认和接受自己的优势与才能。研究表明，能够有效抑制冒名顶替者声音的工具包括自我同情的行为、从童年经历中提取信息，以及渴望成功而不是期待失败。

2021年，朗福德、麦克马伦、布里奇、拉伊、史密斯和里姆斯进行了一项研究，重点关注对羞耻心相关的低自尊感的治疗干预措施。他们发现，在使用一些工具探索和控制了消极的自我对话后，陷入自我怀疑和消极自我对话的人能够获得高自尊感。研究中采用的一些活动包括提高对消极自我对话的认识、发现自己的完美主义倾向、使用基础工具来管理情绪，以及增加自我同情的叙述。

上述两项研究都说明，解决冒名顶替者心态可以改善生活，使人坦然地接纳自己的成功、缺陷与优势。请继续实践本书提供的工具和见解，它们将帮助你奠定坚实的基础，从而营造令人满意的生活，即使面对挑战也不畏惧。

综合所有要素

为了从长远的角度克服冒名顶替综合征，你需要将很多要素综合在一起，充分应用书中讨论的全部要素。在实践本书的过程中，你可能会发现，某一种要素的运用比其他要素更加容易，或者某一种练习比其他练习更加困难。没关系，这不会阻碍你前进——你远行的距离可能超出了你的想象。花一点时间来反思你在自我同情、展现脆弱和自我照顾方面的体验，以及你要如何继续实践这些重要部分。

为了继续自我肯定，我要：
_____

为了继续自我宽恕，我要：
_____

为了继续友善地对待他人，我要：
_____

为了继续照顾自己，我要：
_____

为了继续展示真实的自我，我要：
_____

为了继续接纳自己的情绪，我要：
_____

为了继续表达自己的情绪，我要：
_____

为了继续维护自己，我要：
_____

为了继续向他人寻求帮助，我要：
_____

为了继续为自己腾出时间，我要：
_____

为了继续在必要时拒绝他人，我要：
_____

自我同情　　　展现脆弱　　　自我照顾

接纳自己的成就

人们很容易将成功与成就归因于运气或天时地利。冒名顶替者的声音会让你难以将成就归功于自己。从长远来看,将对成功的外归因思维转变为内归因思维,有助于阻止冒名顶替者的声音,使你对自己和生活感到满意。你的成就应该归功于自己。

回想一次你对成功的外归因经历。当时你内心里的冒名顶替者声音说了些什么?

_____
_____
_____
_____
_____
_____
_____

如何转变心态,学会对成功进行内归因?

_____
_____
_____
_____
_____
_____
_____
_____

你的支持体系

我们都需要一个可以哭泣的肩膀，或者一个在遇到困难时可以依靠的人。人类渴望联系，我们需要知道自己并不孤单。在整个人生旅程中，重要的是知道你在何时可以向谁求助。花点时间去思考，该在下面的每个圆圈中填入谁的名字。下面这些问题可以为你提供指导：

- 我对这个人有多信任？
- 我是否愿意与这个人分享有关自己和个人生活的详细信息？
- 如果我展示真实的自己，是否会担心这个人对我的看法？
- 在我最需要帮助的时候，谁在我身边？

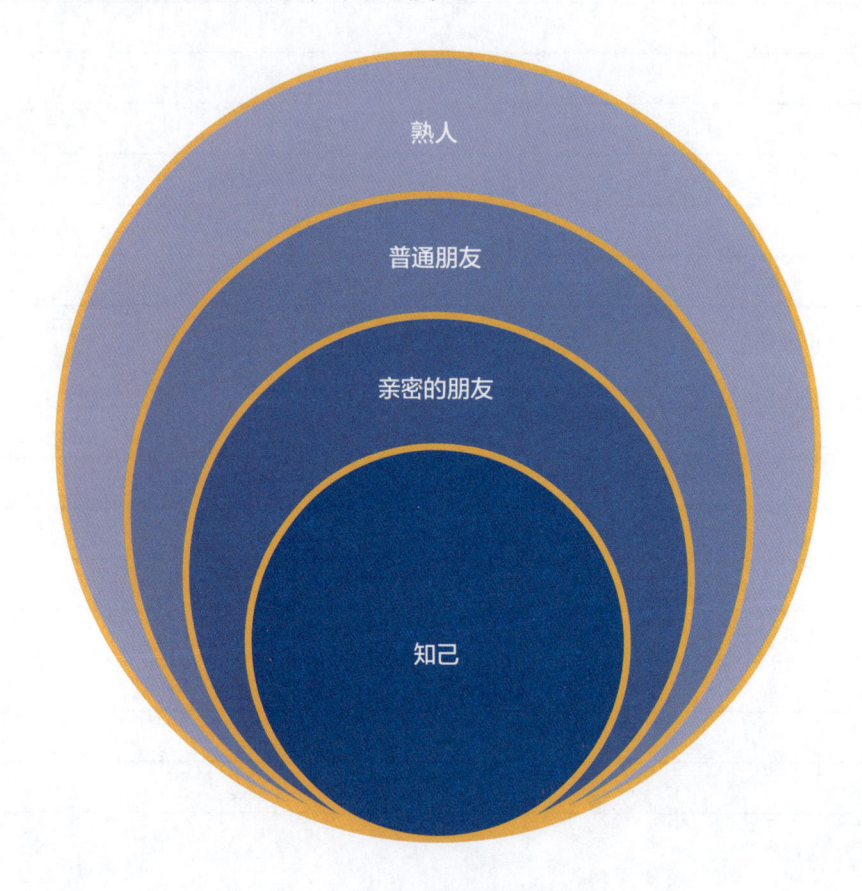

熟人

普通朋友

亲密的朋友

知己

与他人分享你的成就

什么方法可以帮助你对自己的成功进行内归因,并且认可自己的成就?答案是与他人分享你的成功。我知道,认可自己并夸赞自己,这不是一件容易的事情,特别是当冒名顶替者声音说"你是个骗子"或"你没有资格自夸"的时候。向亲人敞开心扉,谈论让你感到骄傲的事情,这会使你感到舒适,你也会更加相信自己。

想一想你可以与他人(朋友、同事、家人、导师)分享的成就,新闻和成功。例如完成了一次成功的客户会议、测验取得了优异的成绩、制作了一道美味的菜肴,或者妥善解决了与另一半的争执。如果你没有做好分享的准备,也没有关系,在镜子前大声练习,你会逐渐习惯赞美自己,并与他人分享自己的成就。

反思过去,继续前进

我认为,我们还没有给自己充足的时间去反思自己走了多远。在我的旅途中,有时候我发现自己并未真正地克服冒名顶替综合征,这令我感到沮丧。我花费了一些时间去反思,才意识到自己的成长与进步。放慢脚步,花一点时间去回顾自己在这段治愈之旅中的成长,你将获得动力,从而更有力量继续前进。

回想你刚打开本书时的感受。当时你的自我感觉如何?

_____

_____

_____

_____

_____

_____

_____

在使用这本书的过程中,你注意到自己发生了哪些变化和进步?即使是十分微小的胜利也值得被记录。

_____
_____
_____

> **花一些时间来认可自己目前为止所取得的一切成就,这是建立自信的重要步骤。**
> **我为自己而骄傲。**

我的鼓励咒语

在控制消极自我对话的过程中,你可能会经历一些仿佛回到原点的时刻。冒名顶替者的声音会再次冒出来,随之而来的是无能和恐惧的感觉。

当你感到挫败时,一些鼓励人心的话语是必不可少的。回想一下你最近感觉自己回到原点的时刻。在这种时刻,哪些话能够激励你?当你所爱的人感到挫败时,你会对他说些什么来振奋精神?在几张便签上写下你的鼓励词,将它们放在家中各处,以便在你需要的时候能够立刻获得鼓励。

跨越障碍

每个人在旅途中都会遇到挫折和障碍。比如与另一半发生争吵,可能会使你的冒名顶替者声音死灰复燃,使你在亲密关系中丧失安全感,或者在工作中收到的反馈令你生出了被揭穿的恐惧感。回想你曾如何成功地跨越障碍,这样一来,你将更加有信心去应对未来的挫折。

想一想，在克服冒名顶替综合征的过程中，当你遇到障碍时，你是如何处理的？

_____
_____
_____
_____

下一次你会做出哪些改变，从而通过这段经历获得成长？

_____
_____
_____
_____

安全空间

当冒名顶替者的声音再次出现时，你可能会感到不安。因此你需要一个能够带给自己平静、舒适和鼓励的安全空间。

- **想一想你的安全空间**。是一个你很喜欢去的地方？还是家中的某一个房间？抑或是当地的海滩或徒步路径？
- **回想自己身处这个空间中的感受**。你是否感到平静或者片刻的宁静？其他一切事物是否暂时变得不再那么沉重？
- **关注你在安全空间时的想法**。你可能会对自己有更高的评价，或者想起一些令自己骄傲的事情。你还可能会想起那些爱你和支持你的人。
- **抓住灵感**。这个空间如何激发你的灵感？当你离开这个空间时，如何带走这种灵感？也许它会激励你重新与另一半擦出爱的火花，或者做出重大的职业转变，并申请新工作。

我的目标，第一部分

当你继续前进的时候，明确目标并将它们写下来，能使你更加清晰地看到未来的方向，同时坚定对未来的信心。思考在克服冒名顶替综合征之旅中，你想得到什么。你是否希望在工作中再次感受到激情和动力？你是否希望成为一个良好的另一半？你是否希望在生活的各个领域中都可以更加自信地做自己？无论目标是什么，你都可以将它写在下面的云朵中。

我的理想生活

我的目标，第二部分

接下来，你需要将大目标拆解成小目标。比如你希望成为一个良好的另一半，那么你的短期目标可以设定为增加沟通、向另一半分享自己的感受与需求，而长期目标可以是对你们的关系感到满足。

短期目标	长期目标

我的目标，第三部分

现在，请思考如何通过三个步骤来实现短期目标与长期目标。例如，记录当下的感受，然后向你的另一半表达这些感受。

实现短期目标的步骤：

1. _____
2. _____
3. _____

实现长期目标的步骤：

1. _____
2. _____
3. _____

最后，反思你对努力实现理想生活的热情，这将帮助你获得前进的力量、动力和信心。

我的思考	短期目标	长期目标
我为什么想实现这个目标		
当我实现目标后将发生什么变化		

接纳弹性，自由骑行

学习同情自己，就像刚开始学习骑自行车一样，也许现在你还感受不到，但当你在这段旅程中跌倒后，只要相信自己，你就能重新振作。回想你刚开始学习一个新事物时候的经历，比如尝试一项新运动，或学习一门新语言。你是如何持续前进毫不气馁的？在那次经历中，你获得了怎样的成长？

刚开始学习一个新事物的经历	如何保持坚定的信心	通过这段经历，我获得了怎样的成长

> 改变绝非易事，
> 不断追求完美的生活更是艰难。
> 我接受改变，并且相信自己的能力。
> 放马过来吧！

相信自己

尽管冒名顶替综合征使人产生自我怀疑，但我们内心的某个部分依然对自己怀有信心，我想将其称为"相信自己"之念。它相信你可以做出正确的决策，它认可你的成功，它相信你可以克服困难，它知道你值得拥有这一切。提高对"相信自己"之念的意识，有助于为它创造更多的空间，并进一步清除冒名顶替者的声音。

回想一个你曾经相信自己的时刻，无论是面对工作任务、第一次见另一半的父母，还是其他事情。描述一下当时"相信自己"之念对你说了什么。

_____
_____
_____
_____
_____

如何为"相信自己"之念留出更多空间？

_____
_____
_____
_____
_____

我的目标：三个月验收

现在你来到了三个月验收的时候。带上你在"我的目标"练习中写下的目标，让我们来回顾一下你到目前为止的成长之旅。回顾自己的成长，你将获得继续前进的力量，并最终接纳自己的成就，过上美满的生活。请记住，成长的程度有大有小，小到确定自己的感受，大到坦然地表达自己的感受，不会产生担忧或内疚之感。承认自己面对的挑战，从而确定生活中的哪些方面还需要进一步细心呵护。

短期目标	长期目标
我的成长	我的成长
我面对的挑战	我面对的挑战

通过肯定来保持自我成长

越过障碍

障碍包括那些可能会阻碍你认可自我价值的挑战。在我的旅程中，我遇到的障碍包括错误、拒绝，甚至成就。没错，即使是获得研究生学位这样的成就，在我看来也像一个障碍，因为它让我重新产生了那种冒名顶替者心态，使我怀疑自己不配获得学位。

无论你的障碍是什么，请带着好奇心去承认它们，将它们视为人生经历的一部分。当你承认了这些障碍，就能从中找到吸取经验教训的方法，继续成长，并获得积极的改变。在下面的空白处填写你在"我的目标：三个月验收"练习中列出的挑战，然后寻找方法，从中总结经验教训，以便继续前进。

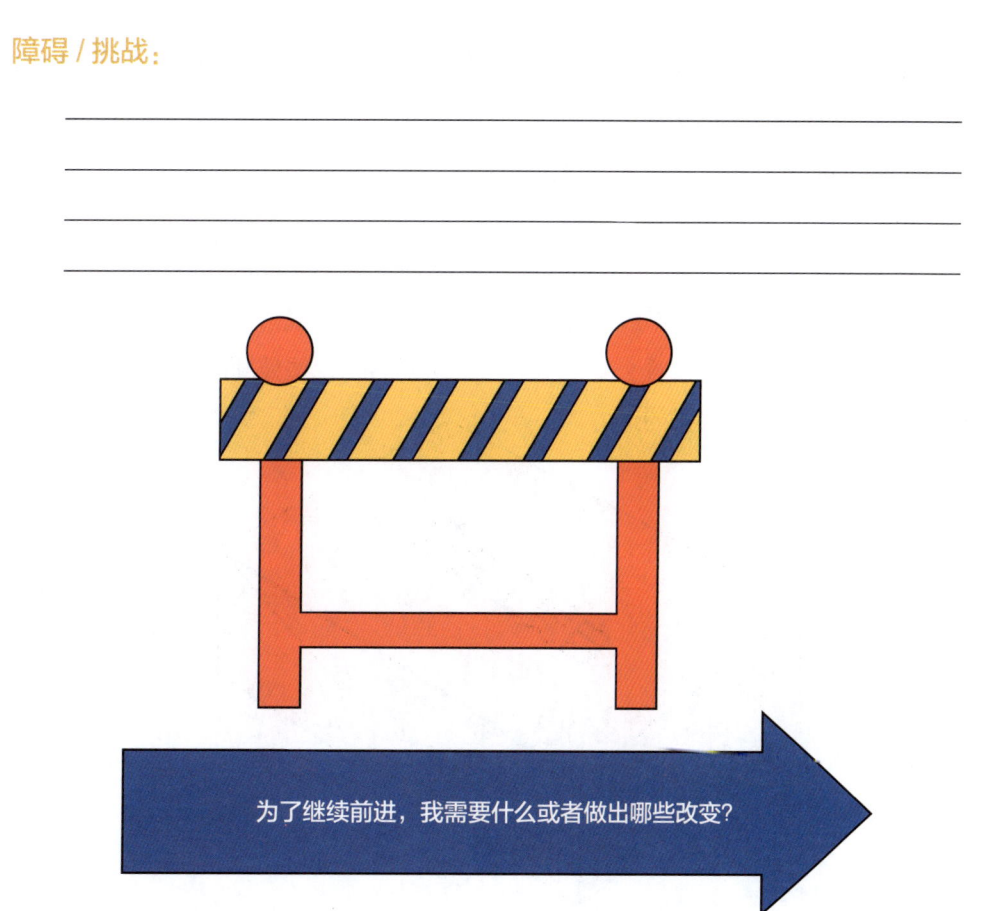

障碍 / 挑战：

_____
_____
_____
_____

为了继续前进，我需要什么或者做出哪些改变？

> 人生路上总是障碍重重，
> 我有勇气跨越它们，
> 我相信自己。

自爱工具包

我们可能会忘记向自己表达爱。有时候，自爱像一件苦差事，或者会让我们感到不适。我们往往会更加关爱别人，对别人也比对自己更加友善。通过正念的方法，我们可以进行自我关爱，坚持到底，从而清除冒名顶替者的声音，确信自己很棒。

在下面的盒子中，列出几件令你感觉愉快的事情。你可以参考清单中的内容，也可以根据自己的实际情况填写。当冒名顶替者的声音再次出现，或者当你遇到障碍的时候，从工具箱中拿出一件工具，细心地呵护自己。

- 做几次深呼吸
- 看自己最喜欢的电影或文艺节目
- 吃自己最喜欢的菜肴
- 去一个令自己快乐的地方
- 洗一个热水澡
- 与好朋友或家人出去玩
- 对自己说些鼓励的话

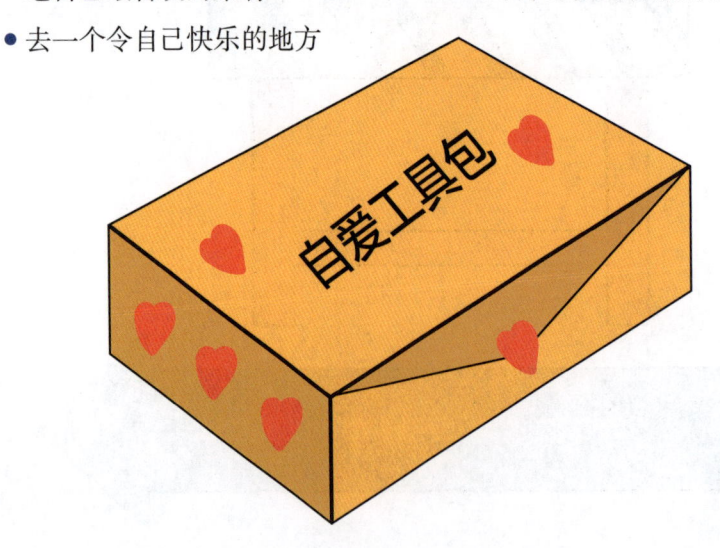

要点总结

克服冒名顶替者的恐惧是一段跌宕起伏的旅程。也许前一天你还信心满满，但后一天就被冒名顶替者心态所淹没。尽管你会感到失望或沮丧，但请继续自我同情、展现脆弱和自我照顾，它们会带你前进。除了探索从长远角度控制冒名顶替综合征的方法，我们也探讨了以下内容：

- 清除冒名顶替者的声音，从而对你在生活中的成就与成功进行内归因。
- 挑战与挫折有助于你获得进一步的成长与做出积极的改变。
- 通过一些工具和理解来控制冒名顶替者心态，事实证明，这能带来更加美满的生活和更加强大的自信。
- 继续尝试自我同情、展现脆弱和自我照顾，从而更加信任自己的能力和自我价值，创造精彩而美满的人生。

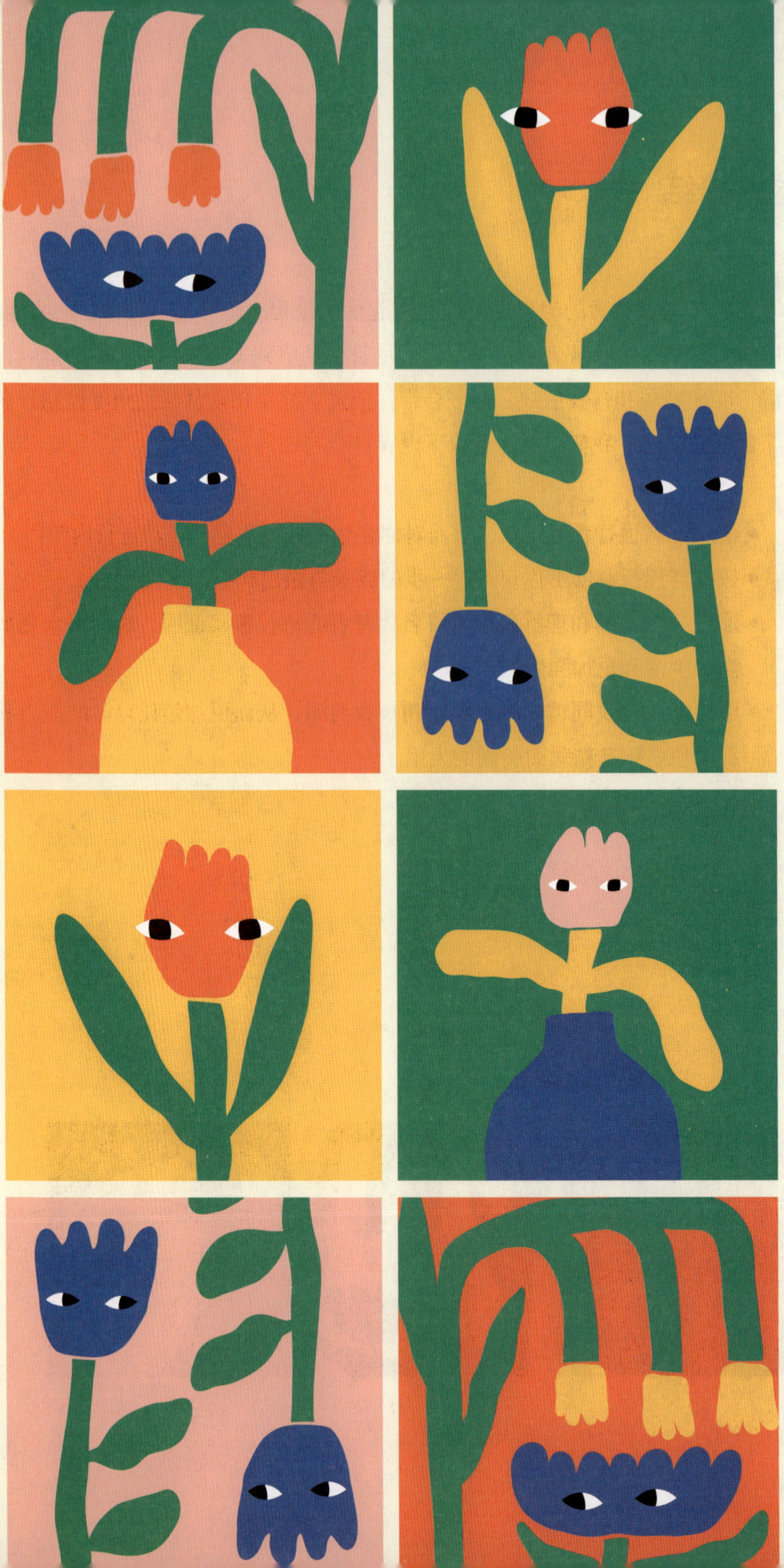

参考文献

APA Dictionary of Psychology. "I Statement." American Psychological Association. Accessed January 27, 2022. dictionary.apa.org/i-statement.

Beard, Catherine. "7 Ways to Set Boundaries and Stop People-Pleasing." *The Blissful Mind* (blog). Last modified August 4, 2020. theblissfulmind.com/set-boundaries.

Bravata, Dena M., Sharon A. Watts, Autumn L. Keefer, Divya K. Madhusudhan, Katie T. Taylor, Dani M. Clark, Ross S. Nelson, Kevin O. Cokley, and Heather K. Hagg. "Prevalence, Predictors, and Treatment of Impostor Syndrome: A System- atic Review." *Journal of General Internal Medicine* 35, no. 4 (2020): 1252–75. doi.org/10.1007/s11606-019-05364-1.

Brown, Brené. *Daring Greatly: How the Courage to Be Vulnerable Transforms the Way We Live, Love, Parent, and Lead*. New York: Penguin Random House, 2015.

Chiu, Lin. "Give Yourself a Break: Practicing Self-Compassion." *Resolve* (blog). August 3, 2020. kcresolve.com/blog/give-yourself-a-break-practicing-self-compassion.

Clance, Pauline Rose, and Suzanne Ament Imes. "The Imposter Phenomenon in High Achieving Women: Dynamics and Therapeutic Intervention." *Psychotherapy: Theory, Research & Practice* 15, no. 3 (1978): 241–47. doi.org/10.1037/h0086006.

Clark, Pamela, Chelsey Holden, Marla Russell, and Heather Downs. "The Impostor Phenomenon in Mental Health Professionals: Relationships among Compassion Fatigue, Burnout, and Compassion Satisfaction." *Contemporary Family Therapy*

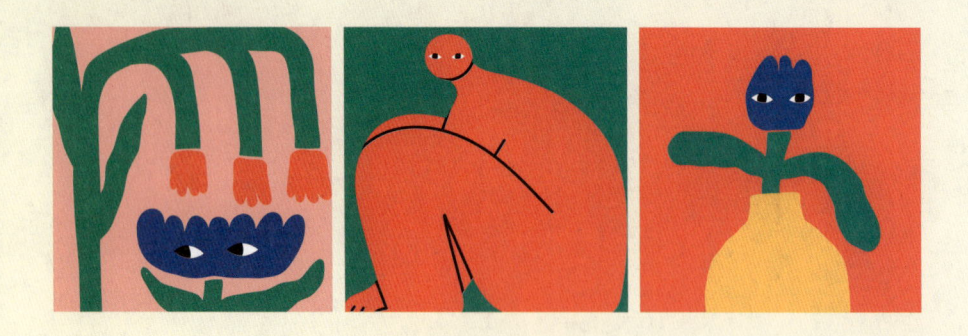

(2021): 1–13. doi.org/10.1007/s10591–021–09580–y.

Corkindale, Gill. "Overcoming Imposter Syndrome." *Harvard Business Review*. May 7, 2008. hbr.org/2008/05/overcoming–imposter–syndrome.

Cuncic, Arlin. "What Does It Mean to Be 'Triggered'" Verywell Mind. Last modified March 10, 2022. verywellmind.com/what–does–it–mean–to–be–triggered–4175432.

Daniels, Michael. *Shadow, Self, Spirit: Essays in Transpersonal Psychology*. Exeter, UK: Imprint Academic, 2021.

"Developing a Self–Care Plan." ReachOut Schools. Accessed February 8, 2022. schools.au.reachout.com/articles/developing–a–self–care–plan.

Diagnostic and Statistical Manual of Mental Disorders, Fifth Edition (DSM-5). Arlington, VA: American Psychiatric Association, 2017.

Good Therapy. "'I' Message." *GoodTherapy Blog*. Accessed February 8, 2022. goodtherapy.org/blog/psychpedia/i-message.

Haworth, Amanda. "Acquaintance vs Friend—Definition (with Examples)." Social–Pro. Last modified December 30, 2020. socialpronow.com/blog/difference–friend–acquaintance.

"Impostor Phenomenon Study: Most Entrepreneurs Affected." Kajabi. November 10, 2021. kajabi.com/blog/impostor–phenomenon–study.

Langford, Katie, Katrina McMullen, Livia Bridge, Lovedeep Rai, Patrick Smith, and Katharine A. Rimes. "A Cognitive Behavioural Intervention for Low Self-Esteem in Young People Who Have Experienced Stigma, Prejudice, or Discrimination: An Uncontrolled Acceptability and Feasibility Study." *Psychology and Psychotherapy: Theory, Research and Practice* 95, no. 1 (2021): 34–56. doi.org/10.1111/papt.12361.

Li, Sijia, Jennifer L. Hughes, and Su Myat Thu. "The Links between Parenting Styles and Imposter Phenomenon." *Psi Chi Journal of Psychological Research* 19, no. 2 (2014): 50–57. doi.org/10.24839/2164-8204.jn19.2.50.

Maslach, Christina, and Michael P. Leiter. "Understanding the Burnout Experience: Recent Research and Its Implications for Psychiatry." *World Psychiatry* 15, no. 2 (2016): 103–11. doi.org/10.1002/wps.20311.

Peppercorn, Susan. "How to Overcome Your Fear of Failure." *Harvard Business Review*. December 10, 2018. hbr.org/2018/12/how-to-overcome-your-fear-of-failure.

拓展资源

书籍：

《身体从未忘记：心理创伤疗愈中的大脑、心智和身体》(*The Body Keeps the Score: Brain, Mind and Body in the Healing of Trauma*)，巴塞尔·范德考克（Bessel van der Kolk）著

精神病学家、作家、研究员和教育家巴塞尔·范德考克，探索了人际关系可能会带来的痛苦和疗愈，同时为人们注入重获新生的希望。

《脆弱的力量》(*The Gifts of Imperfection: Let Go of Who You Think You're Supposed to Be and Embrace Who You Are*)，布琳·布朗（Brene Brown）著

该书作者布琳·布朗是一位学者、教授，也是一位作家，她的著作激励了许多人在自我疗愈之旅中拥抱真实的自己。

后记
脚踏实地地前进

你已经做到了：你完成了本书的所有练习！我可以想象，这是一段十分漫长的旅程，你勇敢地实践了书中的各项活动。我想，在这个过程中，你会产生许多不同的感受，比如焦虑、悲伤和内疚。但我相信，你也产生了其他感受，比如希望、兴奋和解脱，它们共同构成了你的经历。尽管情绪复杂，但你坚持下来了，并带着同情和勇气，真正地迈步向前。

我明白，摆脱冒名顶替综合征是一场艰难的斗争，它可能会让你对自己和自己的能力产生怀疑，或者让你意识到你无法达到自己强加的标准。如果感觉自己是一个骗子，时时害怕暴露出低人一等的一面，那么我们在这个世界将变得举步维艰。我希望你能明白，自己不再需要隐藏，你可以真实地做自己，你拥有自信与爱，因此你可以更加自由地驾驭生活的各个方面。

也许对你而言，接纳自己的成就仍然障碍重重（相信我，我对此感同身受！），但是请记住，只要承认脆弱，对自己抱有同情之心，不放弃希望，你就能看到自己真正的内在美。告别冒名顶替者的声音，继续发光，你本来就是如此——充满勇气、才华与爱。

重磅推荐

入选中国社会心理学会 2023 年心理学年度书单图书

情绪说明书：解锁内在的情绪力量

不安即安处：心理咨询师的悲伤疗愈手记

30 岁开始努力刚刚好

共情式疗愈：用爱打造轻松的人际关系

个人成长类图书推荐

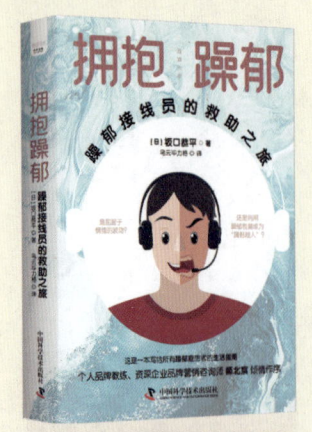

拥抱躁郁：躁郁接线员的救助之旅

了不起的学习者

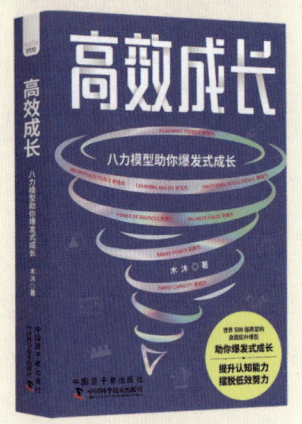

高效成长：八力模型助你爆发式成长

不累：超简单的精力管理课

拥抱与众不同的你